1
2 图 1、图 2　上海小囡大学毕业后的北漂之旅

图 1　完成人生第一场 16 公里长跑

图 2　全球轮岗的第三站是德国杜塞尔多夫，离比利时很近，盛产这种巧克力酱，我非要捧着它合影

图 3　全球轮岗的第一站在中东，进入清真寺需要换衣服

1 | 2
3

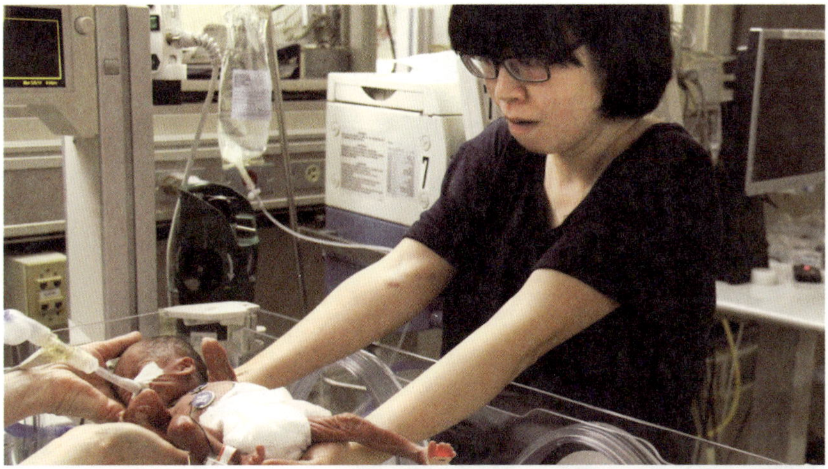

图 4、图 5　女儿小 D 的早产，改变了我后来的人生轨迹

图 6　小 D 是勇敢的小战士，也让我这个妈妈能够更加勇敢地面对我的人生

4
5
6

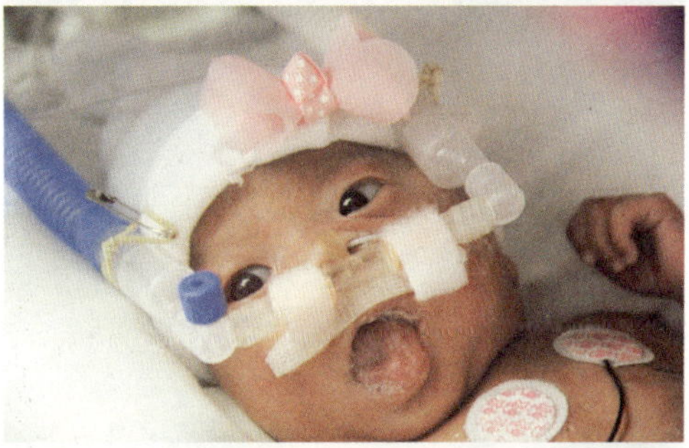

大 J

腾讯新闻
腾讯育儿

大
腾讯育儿

The 12th Shanghai
International Forum on Children
第十二届上海“为了孩子”
国际论坛
第十二届上海“为了孩子”国际论坛

TEDxNingbo
x = independently
organized TED event

1 2 3 4 5 6 7

图 1　从公众号博主成为育儿书作者，从线上分享到线下见面，我需要适应新的“身份”。最开始参加读者见面会，我感到无比尴尬，但是到场的你们用热情的回应让我逐渐放松下来

图 2—5　后来我经历过很多“大场面”，慢慢不紧张了，谢谢你们一路以来的陪伴和鼓励

图 6、图 7　发起掌欣早产儿公益项目，这是我会一直做下去的事情

写自己的故事，原来这么困难

四年前，也就是 2020 年，我三十六岁本命年的某一天。

我和公司里的几个“90 后”小伙伴一起吃饭，随口讲起了自己工作、生活里的一大堆糟心事。有个姑娘突然大声感叹：“Jessica（杰茜卡），我真没想到，原来你也遇到那么多不容易。今天听你说这些事，还真是鼓舞了我。”

我看着她年轻的脸庞，脱口而出：“我就是个很普通的女孩啊，和你没什么区别。”说完这句话，我看到了几对亮晶晶的眼睛，目光中有几分相信，也有更多的不敢相信。

是啊，2020 年的我，在公众号写文章已经五年了，出了六本育儿畅销书，算是小有名气，有自己的事业，还有几百万粉丝。而在成为博主之前，我在一家全球前一百强的外企做总监。职场高管，亲子育儿专家，逆袭的早产儿妈妈，育儿畅销书作者，这些都是我的标签，这还“普通”吗？

但我自己很清楚，我是一个多么普通的人。如今被大家认可的专业度和成绩背后，是满满当当的傻努力、坏情绪、好运气、苦学习……

那一晚，有个很疯狂的想法萌生了，我这么普通的一个人，如果把自己一路走来，走向“有点成绩”的经历都写下来，会不会对更多的人产生一点儿鼓舞的作用呢？

没想到，这事还挺难的。写作原本就是我的日常工作，我也一直自认为是说干就干的人，但一到要写自己的故事时，反而难产了。从2020年签约一直到2023年交稿，我拖延了两年多的时间。这中间我经历了好几次情绪过山车：一会儿诚惶诚恐逼问自己何德何能，凭什么就敢写个人传记；一会儿又患得患失反问自己，我这样的故事会有人想看吗？

这一次，我迈出了自己的舒适区，不谈育儿这个专业了。讲个人经历，对我来说，并不容易。这本书稿先后写了四轮，前三轮都是十几万字写完，全部否定，再从头开始。这也是我这辈子做的最勇敢的事情之一。

我告诉自己，绝不会为了写而写，因为“作者”这个标签，我已经有了。而这本书，我要打开一个普通女孩的生活，将它坦诚地放在大家面前。为什么要看普通人的故事呢？毕竟，这个世界上有那么多成功者的故事。

但我想用自己的故事，展示一个普通得不能再普通的女孩的成长过程。

也许你和我一样，是一个妈妈。

也许你是我写了多年的微信公众号“大J小D”的老朋友，对我很熟悉。

也许你还是一个年轻的大学生，也许你刚刚踏上工作岗位，也许你还在谈恋爱，还刚结婚，还在想到底要不要生孩子，生几个好呢？

无论你是谁，假如你也觉得自己是个普通女孩，是个普通人，假如你也常常在生活中遇到很多困难，不知道到底该做什么决定，不知道自己的努力到底能不能带来想要的结果，那欢迎你打开这本书，来跟我聊聊天。

这本书里没有激动人心的奋斗史，只有一个懵懂的姑娘一路走来跌跌撞撞的步伐。我并不确定你们是否能从中找出方法，立马解决目前的生活难题，但我可以确定，在我蹒跚的脚步中，你们也能看到自己。

只希望合上书的那一刻，你看着封面上的我，能把我当作一个可以一同喝杯奶茶，聊聊人生，吐吐槽的小伙伴。

目录

第七章 误打误撞地入行

第八章 最初谁还不是个草台班子

第九章 祖国，我回来了！

第一章

一个二本生的『逆袭』

“我值得”这三个字就好像是一个暂停键，一键阻断了我的自我怀疑，让我能够把精力集中在事情本身：我遇到的困难是什么？我可以怎么解决？

二十岁那年，我第一次明白，人可能无法选择起点，但我们可以选择是前进，还是原地踏步。而一个看起来高不可攀的目标，只要开始攀登，坚持不懈，总有到达的可能。

直到现在，我还会在微信公众号和微博里收到这样的留言：

“你一个二本生，凭什么摆出一副育儿专家的样子，教别人养娃！”

“你一个家庭主妇，都没有正经工作，凭什么分享人生经验！”

“你说话既不好听也不好笑，凭什么让人点赞你的视频！”

“你长得一点儿都不好看，凭什么就成了‘网红’！”

说实话，现在看到这些“凭什么”的留言，我还是会难受。但更多时候，我会想到多年以前那个二十岁的女孩，想起她第一次扛住身边的冷嘲热讽，为自己的选择坚持努力的样子。

“为什么不能是你？”那个二十岁的女孩，笑着对我说。

有人以为是梦想，有人以为是做梦

2006年，我二十二岁，大学毕业。

在一场二十万应聘者只录取二十人的招聘中，我突出重围，成为万里挑一的那个“一”，入职了这家全球一百强企业。刚毕业就能进入全球一百强工作，在2006年就能拿每月近一万元的薪水，还能有公司给予的承诺——我们这批应届毕业生将获得公司提供的职业快速通道，在三年之内晋升为部门经理……这样的职场起点就像从天上掉下来的大馅饼，砸得我很长时间都是晕晕乎乎的。

而你们一定想不到，我只是个二本院校的毕业生罢了。从二本院校“杀进”全球一百强企业，这一切到底是怎样发生的呢？现在回想起来，故事要从一位“怪咖学长”说起。

一位“不走寻常路”的“怪咖学长”

时光倒退到大一，我高考失利，进了一所二本学校。在父母看来，考入二本学校跟落榜也没什么区别。父母和老师原本给我设定的人生规划是“复旦名校生”版本，而现在，我完全不知道自己的未来在哪里了。所以，刚进入大学的我除了失落，更多的是迷茫。

那时候，我特别爱听学校举办的优秀毕业生回校讲座，总觉得别人的故事里可能会有我想要的出路。分享会上的优秀毕业生们，基本都去了四大会计师事务所。对各种公司还毫无概念的我，第一次听完他们的介绍，就好奇地问室友，四大会计师事务所是不是特别厉害啊？一位室友告诉我，那可是每个学生绞尽脑汁都想去的地方：我们学校毕业生当时的平均月薪也就一千八百元，但如果进了“四大”，一入职就能拿到三千元以上的工资。

说起来不怕你们笑话，这平均一千八百元的月薪，一度成为我新的人生目标。不过我更贪心一点儿，暗自想：如果能争取到超过两千元的月薪就更好了。但是想归想，身边好像没人能告诉我，我需要怎样做才能实现“月薪两千元”的人生目标。有一段时间，我甚至觉得自己是不是有点痴心妄想。但是一位“怪咖学长”的出现，让我的心又开始蠢蠢欲动起来。

我其实不认识这个学长，但对他印象很深，因为他总是在各种场合慷慨激昂地谈理想，谈抱负，呼吁同学们要志存高远、努力奋斗。这种充满昂扬斗志的风格，和我们学校整体的“佛性”风格格格不入，所以学校里崇拜他的人可能没多少，觉得他另类的人倒是很多，“怪咖学长”的称呼也就由此而来。

不知道是不是“月薪两千元”的野心从我的眼神里透露出来了，有一次我和“怪咖学长”一起参加一个社群活动，活动结束后，学长主动过来和我聊天。他问我毕业后想去哪里。周围都是同学，我当然不好意思承认自己也有小小的野心，就敷衍地答了一句，然后随口问了他自己的计划。

没想到，这位学长和我很认真地分享了他的计划：他一边在看很多外企大公司的“面试宝典”，一边在准备 GRE（美国研究生入学考试）——他计划毕业后去伦敦政治经济学院进修。这位学长所说的一切，我几乎一无所知。伦敦政治经济学院是什么样的学校？GRE 又是什么？外企大公司不就是四大会计师事务所吗？

也就是在这一天，我才从学长那里听到一大堆新鲜的概念：全球五百强，领导力，企业家精神……我也才第一次知道，原来厉害的大学不止有国内的北大、清华、复旦，原来被同学们仰视的“四大”并不是最厉害的外企。

那时年少，也不知道说话要委婉些，我被这些新名词震惊了，本能地问了一句：“这些目标听上去离我们那么远，要是努力以后也不成功呢？”学长说，即便最后他没有实现这些目标，也没什么可后悔的，因为世上最大的遗憾并不是没有实现目标，而是我们连争取都没有争取过。

一直到现在，我都记得他说话时的神态——眼里有光，表情坚定。在此后的一些重要人生节点上，我都会想起这位学长，想起他这一刻的表情，或许那就是心中有信念的人应该有的样子。

有点遗憾的是，当时很多同学并没有意识到这位学长的珍贵之处。那一晚，室友们还好心劝我，离这位“怪咖学长”远一点儿，因为在大多数人看来，他的梦想和信念不过是夸夸其谈、眼高手低而已。既然他落到二本，说明他的实力与梦想可能严重脱钩。而对于一个二本院校的学生来说，首先需要学会的大概就是接受现实，毕业后做一个普通公司职员，有一个安稳的人生就已经很好了。毕竟有些梦想，可能只有名校学生才有底气和运气去争取。

我不想和室友争辩，但十九岁的我也没有办法远离“未来”和“理想”这样的词。而这位“怪咖学长”的坚定眼神也让我相信，他一定能成为我们学校的“例外”。

又一个苦读“蓝宝书”的“癞蛤蟆”

说不清楚为什么，大二寒假前我竟然主动去找这位“怪咖学长”，希望从他那里了解更多的外企信息。他送了我一本蓝色封面的书，很旧很破，书名写着《外企面试宝典》。

我只用了一天的时间就把这本书读完了。记得当时我整个人就像被“吸进”书里一样，来到了一个从来不知道的广阔世界。当合上书，再抬头看窗外的天空时，我真的有种恍如隔世的感觉：原来国内有那么多的外企，原来同学老师口中“根本进不去”的外企是这样进行面试的，原来全球五百强企业的面试问题里隐藏着那么多的玄机。

那个寒假我没有参加同学聚会，只是疯狂搜集名录上这些外企的相关资料。我发现这些外企和我们的生活并非毫无关联。相反，我们衣食住行里的很多东西，都是这些外企做出来的。那一刻，我的心里有一个声音渐渐清晰：我要去“蓝宝书”名录上的外企里上班。

我不敢告诉任何人我的新目标，因为拥有这种“野心”在我们学校是会被嘲笑的，就像那位“怪咖学长”一样，很少有人会支持你，大家只会觉得你是“癞蛤蟆想吃天鹅肉”。

但是我自己知道，我的新学期将会完全以这个潜藏的“野心”为重心了。我的大学生活只剩下两个主题：白天赶学习进度，晚上和周末找实习机会。当时宿舍里的“闺密活动”我都没时间参加。她们一起追剧时，我在学习；她们一起打游戏时，我在学习；她们一起聚餐时，我还在学习。而班级在各种假期里组织的集体活动，我还是没去参加，因为这些时间我都在实习。

慢慢地，同学们开始跟我疏远了。在他们眼里，我可能也变成了一个“怪人”。说不难过是假的，但与之相比，我想进入全球五百强外企的念头太强烈了，以至于我根本没有时间，也没有心思再去琢磨有没有人喜欢我这件事了。

最开始找实习机会确实很难，我也终于明白了为什么室友会说要“认命”。学校没名气，父母也没资源，我能找到的就是同学们口中的“打杂”工作——外贸公司的制单员、大卖场的迎宾、物流公司的客服……与此同时，周围的议论也逐渐多了起来。概而言之，大家都觉得我这样拼命地“不认命”，着实有点傻。在很多同学看来，我不是在努力实现梦想，只是在努力做梦而已。

当某一天我带着一身疲惫返校，又不巧听到自己成为室友们话题的主角时，我失眠了。我反复问自己：我是不是真的像她们所说的那样，只是在做苦力而已？是不是我所有的辛苦，到头来都只是无用功？

不想傻傻打杂的小透明实习生

虽然内心一整夜都在翻江倒海，但第二天我还是照常去上课，再照常去实习。是我的意志超乎寻常地坚定吗？还真谈不上。只是从小父母就教育我，任何事情只要迈出第一步，就必须努力做完。现在回想，我特别感谢当时这股傻傻的坚持。因为坚持了下来，我才能在日复一日的“打杂”工作里，最终找到一个突破口。

第一次发现自己还能多干点什么，是在一家外贸公司做制单员的时候。当时我所在部门的一项工作，是把每天发货后的退单、回单等单号再次手工录入到另外一个表格，作为公司的资料存档。

公司里的每个人都很忙，大家每天面无表情地坐在屏幕前，双手飞快地输入单号，没有人有时间去搭理我这个小小的实习生。不过每天处理完自己的单号输入工作后，我就会主动为大家收集各种纸质单据。

我是学物流管理的，看着这些订单、退单、回单，慢慢明白了公司物流这块的流程，并且还有了一个意外发现：这么多人每天拼命录入的单据，完全可以流程优化。我问旁边的同事，既然每天都要输入订单，为什么不弄个EXCEL表格，把单号实时关联到另一个页面，这样回单过来后，只要设置好筛选条件，就能立马知道退单和回单情况，不需要大家重新录入表格。没想到，同事对我的主意一点儿都不感兴趣，瞥了我一眼，笑着说，老板让做什么就做什么，老板没让我们做EXCEL表格，公司不也每天正常运转吗？

虽然我的想法没有得到同事认同，但我并不打算就此放弃。随后几天，我仔细观察了大家的工作，越发坚定自己的想法是可行的。于是，我做了一个简易数据库，自己先尝试运行了一遍，果然可以省掉一多半的录入时间。

我赶紧把这个数据库分享给其他同事，没想到只有一位同事愿意采用这个全新的工作方式。不过，这位同事很快发现，现在的方法真的让她少了很多枯燥又烦琐的工作。她特别开心，于是主动帮我宣传新数据库的优势。

这个案例的成功，让整个部门的人都愿意加入我的“试验田”。随着数据库被越来越多的同事频繁使用，我收到的反馈也越来越多。一段时间之后，我又把数据库进行了优化升级，同事们用得越来越顺手，工作效率也越来越高。

这以后，我这个“小透明”逐渐变成了同事口中“不一样的大学生”。大家只要有想“偷懒”的工作，就会找我寻求提高效率的办法。慢慢地，同事们开始主动和我搭话，也开始教我关于货运的一些实操经验。我这才发现，书本知识和真实商业运作之间有着很大的不同，我也开始重新思考别人口中的“打杂”工作——它既不简单，也不是无用功，我可以从中学到很多课本之外的知识。

实习期过半，部门经理也注意到了我。他专门找我谈了一次话，询问我的具体情况——我是哪所学校的学生，为什么要来实习，以及毕业之后的打算。我坦诚地告诉他，我的学校很普通，但我想努力一下，多积累工作经验，希望毕业后可以去全球五百强外企上班。

部门经理并没有嘲笑我，只是同样坦诚地和我说，不是名校生，想进外企难度很大，更不用说全球五百强企业。但是他也鼓励我说，凡事总有例外，想实现这个目标，我需要比别人多做一点儿事，更用心地做事。

现在回想起来，我并不确定那位经理是不是为了安慰我，才没有直接否定我的梦想，但当时的我选择相信他的话。我不再纠结自己找到的实习单位为什么不是所谓的名企；不再焦虑自己这么辛苦实习，最终是否能找到期待的工作。我更加珍惜自己的每一次实习机会，无论在哪一家企业，在哪一个工作岗位，我不仅会全力做好自己的本职工作，还会努力挖掘出自己更多的价值，为团队能多做一点儿事就多做一点儿事。值得骄傲的是，我这个小小的实习生，最后总能成为实习企业里的“明星实习生”。

大三之后，我开始有能力拿到知名企业的实习机会。一年前还觉得我是“怪人”的同学们，纷纷表示好奇，都跑来询问我是怎么做到的。我和同学们分享了过去一年的实习经历和心得，也分享了自己申请实习的简历模板，甚至为大家提供了一份可申请实习的企业名单。

但是百分之八十的同学听完我的分享后就抛之脑后了，只有百分之二十的同学付诸了行动；而且，这百分之二十中的大部分人在经历第一份“打杂”工作后就停步了，能真正有始有终的人寥寥无几。

而我的实习工作从大二到大四不曾间断过，所以毕业时，我除了拥有不错的绩点外，还积累了几十个真实的职场小故事。这些真实的案例是我个人的计划性、沟通能力、解决问题能力以及团队合作能力最好的证明。

毫无意外，这些实习经历在我毕业求职期间起到了至关重要的作用。当我真的有一天应聘全球五百强企业时，这些实习经历成了我拿到入场券的关键，因为招聘环节中有几道论述题，就是要求应聘者以实际案例说明自己的工作能力。

走进全球一百强企业

当全球一百强企业的招聘摆在眼前时，我知道机会来了。我也清楚，这大概率只是一次“走近”而不是“走进”全球一百强的机会。但那又怎样呢？大学阶段的实习经验让我明白了一点：人和人之间最大的差距之一是信息差。即便会被拦在门外，我还是想亲自去看看，全球一百强企业到底是怎么样去考查人才的。

第一轮线上简历填写就很复杂。虽然没抱太多期望，我还是非常认真地做了填写。没想到我竟然通过了前两轮的筛选，进入到最后一轮的面试。

后来我才知道，这是一场万里挑一的竞争——有二十万人提交了简历，而进入最后一轮面试的不到一百人。我竟然是本次招聘中全国前一百的候选人了！

和优秀的人同台，就是一件骄傲的事

人就是这样，当你觉得毫无希望时，可能一点儿负担都没有；可当你发现竟然有一线希望时，反而会紧张起来。如果说之前我是淡定地等待着落选的消息，但在我得知自己进入最后一轮面试时，我反而不淡定了。

自己变身精英女性，脚踩优雅高跟鞋、身穿高级连衣裙的画面，也就在眼前浮现了几分钟，就被“你只不过是一个普通二本生”的现实吹散了。我要怎么做才能在这一百个候选人中脱颖而出？我越想越沮丧，意外的惊喜反倒成了额外的思想负担。

缓解我忧虑的是我的爸爸。他见我成天坐卧不安，实在看不下去了，对我说了一段话：“就算被筛选下去又怎么样呢？当你若干年后回想起自己曾和那么多优秀的人站到同一个舞台上时，你只会为自己骄傲。如果在这个过程中，你还能向厉害的人学到几招，那就是赚到了啊。退一万步讲，就算最终没有入选，就当有人出机票钱和酒店钱，请你去北京玩了一趟，这是多好的事啊！”爸爸的这段话瞬间让我轻松起来，于是带着“公费旅游”的心态，我来到了北京。

这次的面试有三轮。第一轮面试题目是商业案例分析，每个应聘者需要向考官们陈述自己的解决方案，回答他们的提问。第一轮面试我自我感觉还不错，信心满满地进入到第二轮小组面试，没想到第二轮小组面试刚开始，我的心态就崩了。原因无他，还是自己的自卑心理在作祟。

第二轮面试方式是以六至八人为一组，共同完成一个公司项目。这一轮面试是从自我介绍开始，我所在的小组一共八个人，其他几名候选人分别来自复旦大学、北京大学和清华大学，还有两位是英美名校的留学生。而其中又有四位应聘者是硕士研究生。当我自报家门的那一刻，我没有办法像他们一样，大声、清晰地说出自己的学校，从表情到肢体，我仿佛都在宣告自己的“低人一等”。有那么一瞬间，我问自己，为什么要来这里？我有什么资格和底气去跟这些优秀的人一较高下呢？

当面试官听完所有人的介绍后，他说了这样一句话："要感谢这次机会，让五湖四海的你们相聚在这里。"看似非常普通的一句话，却唤醒了我来到这里的初心。这不正是来北京之前爸爸说过的话吗？平平无奇的我，此刻竟然也能和这群优秀的人一起参加面试，这对我自己来说已经赢了。

没有人知道，我的情绪在短短几分钟内已经经历了数次反转——从极度的自卑到平和，再到后来的几分自豪。我告诉自己：这次面试，我要以平常心对待，用全部力量完成。做到不留遗憾地返程，这段经历就值得自己骄傲。

双赢、共赢、团队赢，都是赢

我们小组的面试题目是"如何开一家奶茶店"。小组的讨论氛围从一开始就很激烈。每一个组员都很优秀，对自己的观点也都非常自信，因此每一个组员也都有着强烈的表达欲望，以及希望他人服从自己的强势气场。而随着时间的流逝，小组的讨论逐步偏离理性沟通，你说你的，他说他的，场面一度陷入混乱。

在这个过程中，我是一句话都没插上，但我始终记得，这场集体面试的要求并不是让某个人赢，而是需要小组达成共识。我看了看时间，尽可能压制住紧张，随即大声说出了我在小组面试中的第一句话："各位组员，时间已经过半了，大家想要表达的观点也都说完了，而小组的任务是需要达成共识，所以我们是不是先来聊聊需要达成共识的标准是什么，然后再根据标准将大家的观点逐一筛选？"

没想到，这个提议得到了大家的一致赞同。于是，我顺理成章地变成了小组里组织和引导讨论的人。我首先记录下大家达成的共识标准：比如，经营奶茶店的第一个阶段目标是实现收支平衡，经营策略是开店后逐步总结店铺的核心竞争力，以及逐步明晰潜在客户的画像。对于大家争论不休的问题，我也一一做了记录。

小组讨论的后半程明显顺利了很多，个人观点和共识标准一对比，大家可以轻松做出取舍。一些想法虽然出彩，但并不符合奶茶店第一阶段的经营目标，我便引导大家把这些想法放在“停车场”（Parking Lot），暂缓实施，意思是并非这些想法不好，只是不适合当下阶段，可以等到适当时机再来讨论。

小组面试的最后环节，是每个小组需要选出一名成员向面试官陈述本小组的讨论结果。没想到的是，我竟然也得到了两名组员的提名。但有一名组员坚决反对由我来做最后的陈述，他毛遂自荐来完成最后这一环节。为了尽快结束人选的分歧，预留更多的时间准备小组的总结，我同意让这名组员做最后的陈述者，并且提议大家帮助这位成员做一次预演，确保没有关键信息被遗漏。

这一轮小组面试结束后，我已经没有什么遗憾了，因为这次的团队配合让我看到，哪怕自己不是最优秀的人，我也还是可以和优秀的人达成合作，拥有自己的“一席之地”。

第三轮面试方式是一对一提问。面试快结束的时候，一位面试官问我，有没有什么问题要问他们。

我很坦然地回答：“我没有更多的问题要问了，但我想表示一下对贵公司的感谢。我是一名来自二本院校的学生，没有金光闪闪的简历，也没有在知名企业的实习经历。但是感谢你们仍然愿意给我机会，让我看到一个优秀公司的管理层和员工是什么样的状态，也让我有机会接触到这么多优秀的同龄人，看到他们的实力和能力。”

这并不是什么所谓的官方回答，也不是来自某一个应聘模板，而是面试结束后我最真实的感受。面试越接近尾声，我的状态越好。虽然只是短短一天，但我却真真切切地感受到自己的眼界得到了前所未有的拓展。

也正是那一天，我的职业目标第一次这么清晰：我想做个外企经理，我想成为一名优秀的职业经理人，就像这次在全球一百强企业中见到的职业经理人一样。即便这次我被淘汰，我也会选择一家外贸公司做个普通职员，然后一路向着这个清晰的目标去努力。最重要的是，现在我已经知道了自己的差距在哪里。

那年我二十二岁，面试结束后，我去看了天安门，这是我第一次来到首都，也是第一次想清楚自己未来的方向。

没承想两周后我接到了来自北京的电话，我拿到了意料之外的全球一百强企业的录用通知书，当然，这也意味着另一件事——我毫无意外地成为同届管理培训生里“最不起眼”的那一个。

多做让自己值钱的事，不是只做赚钱的事

拿到全球一百强企业的录用通知书后，我们一家三口的意见并不一致。原本听说我找到了一份月薪近一万元的工作，妈妈很开心，但一听说工作地点在北京，她的笑容立即就消失了。她给我算了一笔账："别看工资开得很高，但你去北京还要租房，房租加上水电煤气费，每月工资也剩不下来多少。你一个小姑娘离家那么远，回头再有个头疼脑热的，也没人照顾啊。"为了说服我，妈妈甚至完全忘记了曾经鼓励我努力学习的论调，开始和我说，女孩子找个求稳的工作就好了，不要那么拼，回头嫁人都难。再加上我同时也成功拿到了一个"四大"的录用通知，工作地点就在上海，她更是舍不得我离家，做一个"孤苦无依"的"北漂"。

说实话，从小没有离开过家的我，一想到从此要一个人在异地生活，好像也没法果断且愉快地收拾行李箱。这时，爸爸给我提了一个建议。这段时间我一直在征询不同人的意见，而爸爸认为现在我更应该和自己聊聊，确定自己内心最真实的想法。

爸爸从笔记本上撕下一张纸，正面写着"去北京"，下面分别列出"好处"和"坏处"两栏。然后他又把纸翻过来，在反面写上"留上海"，

下面也分成了“好处”和“坏处”两列。爸爸把这张纸递给我，让我自己做一个分析。我花了一晚上的时间才把这张纸填满。可我的纠结并没有解决——因为每一个好处的背后也都潜藏着一个坏处。

爸爸和我说：“你看，人生大部分的事情就是这样，世界上哪里有那么多的‘两全其美’？关键是你要做出自己真正喜欢的选择。不过锁定了喜欢的选择后，你也必须去接受这个选项背后你不喜欢的那些事情，而且你最好提前做好应对这些事情的准备。”

我毫不犹豫地回答我喜欢“去北京”这个选项。爸爸一行一行仔细看完在这个选项下我列出来的好处，然后问我，想去北京最重要的原因是不是月薪高。

我认真地想了一会儿，回答说：“不只是因为工资高。我很清晰地知道成为职业经理人是我最想实现的目标，而这个公司给了我这样的机会。上次去北京的时候，我见过公司的同事和管理层，我很喜欢他们，我能感觉到他们是愿意教我的。”

爸爸若有所思地看了我一眼，点了点头说：“你拿到这份录用通知后，一直在找亲戚朋友和学校老师咨询意见。起初爸爸有点担心你想去只是因为能拿到高薪，现在爸爸放心了。爸爸一向认为，钱虽然是每个人都需要的东西，但在做一些决定的时候，不能只考虑钱。一个人年轻的时候，最重要的是多做一些让自己值钱的事，而不是只做赚钱的事。等你自身值钱了，钱自然而然也就来了。”

看我没有说话，爸爸有点奇怪：“你自己想得挺清楚的啊，为什么还愁眉苦脸呢？”

我向爸爸坦白了自己的担忧：万一在北京发展不好，自己不仅要忍受背井离乡的痛苦，还白白浪费了几年时间。爸爸看着我笑着说：“我们家虽然是工薪阶层，不能让你一辈子衣食无忧，但无论何时，家里多你一双筷子是没有问题的。如果你真的哪一天在北京混不下去了，随时回家就好。”

就这样，我纠结了很久的问题，再次被爸爸的几句话化解了。而我人生中的第一次“折腾”也就从北京开始了。直到今天回头看，我才发现，我能这样一路“折腾”到现在，是爸爸的几句话给了我力量：每当我害怕犹豫时，想起爸爸说的“回家就好”，我就有了放手一搏的底气；每当我权衡利弊时，想起爸爸说的“多做一些让自己值钱的事”，就会很清楚自己应该做出什么样的选择。

你今天干的活儿值这份工资吗？

二十二岁的我拖着两个行李箱，带着对未来的雄心壮志，来到了北京。

正式入职之后，我才真正了解同批所有的管理培训生，他们果然都很厉害。但那又如何呢？我暗暗给自己鼓气，无论我们的求学起点有何不同，接下来的路都可以说是从零出发。更何况，从入职面试中我已经明白了一个道理：不要让同伴变成“敌方”，即便在某一场竞争中我落于下风，但只要能从对手身上学到东西，获得成长，对我来说，又何尝不是一种成功?

不过，即便做好了迎难而上的准备，但我的职场开局好像比想象中还要艰难。

新员工入职培训结束后，我们这一批管理培训生就开始了各部门轮岗。我的第一个岗位在人事部门，主要工作任务是借助公司赞助北京奥运会的契机，将其同步转化成一个内部员工激励项目。具体来说，我大概需要做这样几件事：

（1）及时进行内部沟通，把品牌赞助情况随时分享给同事，激励士气；

（2）分发奥运会门票，建立员工参与机制，为做出突出贡献的员工申请奥运火炬手资格，或者以奥运会门票作为奖励；

（3）在全公司营造奥运氛围，在公司总部和各个分部打造出热爱运动、体现奥运精神的环境。

赞助北京奥运会对公司来说是头等大事，从总经理到所有副总裁，甚至亚太区的负责人都很关注。我一个“职场小白”要在这样一个大事件里负责员工激励项目，可以猜想出我的忐忑程度。不怕你们笑话，我接到通知的第一反应就是：我才刚入职，要做成这个在公司都没有参考先例的项目，根本不可能啊。

但公司做出的轮岗决定没有商量余地，我更不可能拿一句“我觉得自己做不到”去讨价还价，只能硬着头皮走进人事部办公室。不出所料，我第一周的工作表现就是一个“蒙”字。我每天坐在工位上，对着电脑看一堆文档，但这些资料里面到底在说什么，我的内心有无数个问号。更要命的是，我不懂的问题实在太多，甚至都不知道该从哪里开始问起，也不知道到底应该找谁来解答。

我天真地以为上级领导会很快来指导我，毕竟我只是一个职场新人，但是第一周眼看就要过去了，领导却压根儿没有一点儿搭理我的意思。

看着其他人忙忙碌碌的样子，我心中的豪情壮志又被动摇了，被万里挑一的胜利压制住的自卑情绪又浮上来了：二本院校毕业的我能加入这个精英云集的公司绝对是侥幸，自己的能力和其他名校毕业生完全不能比。

周五下班前，我被上级经理Jane（简）叫到办公室汇报本周工作。我支支吾吾，什么都说不出来。

Jane问我："你来人力部门报到的第一天，在了解到自己的工作任务后，有没有很清楚自己第一步应该做什么？有没有拆解目标、制订计划？"我特别诚实地回答她，我不知道该怎么做，我以为这些她会来告诉我。

Jane很严厉地批评了我："公司聘请你是来解决问题的，并不是让你原地不动，等着别人投喂的。你的月薪是多少老员工也拿不到的，所以每一天你都要问自己，今天干的活儿值不值这个价。如果你不知道应该做些什么，应该怎么做，那你需要自己做功课去找到答案。"

那天我是憋着眼泪走出Jane的办公室的，整个周末都过得特别委屈。这是走出校门的我第一次被如此严厉地批评。说实话，我当时是有点不服气的：这个工作任务原本应该是经理级别的人来承接，而我只是个职场新人，作为我的直接上级，她难道不应该先带带我吗？

但Jane的那句"你今天干的活儿值不值这个价"，还是深深刺痛了我。我憋着一股劲儿，周末认认真真地列出自己的疑问和行动计划。第二周一上班，我就把自己的思考结果向经理做了汇报。

经理听完我的汇报，语气比上周温和了很多。她指出，虽然我的很多想法并没有抓住项目的关键，但至少能看出我是动了脑筋的。随后，她给了我一个忠告——绝大多数经理都是从基层做起的，想要成为一名优秀的经理，我们的思维模式应该是：如果我是老板，我会怎么做，而不是等着老板告诉我应该怎么做。

这也是我在职场上收获的第一个"秘籍"：一个人的思维模式在一定程度上决定了他的职场潜力。一个主动解决问题的人和一个等待被告知的人相比，很明显前者才是高潜力员工。

甩掉“我不值得”的魔咒，才能火力大开

其实想想，我还真不是一个原地不动、等待被告知的人。在过往的实习经历中，我能从一个普通实习生变成大家口中的“明星实习生”，不正是因为我能够主动站在公司立场上发现问题、解决问题吗？

可为什么当我如愿进了全球一百强，拿到一份远超“两千元人生目标”的高薪时，我反而忘记这样思考问题了呢？沉下心去想这个问题，我发现让我心生怯意的还是自己内心深处潜藏的自卑情绪。在众多名校毕业的管培生中，我做不到“英雄不问出处”的潇洒。相反，在轮岗的第一天，我就给自己“设限”了——我很差，我做不好。

可我恰恰忘记了非常重要的一点——一个全球一百强的公司不会无缘无故抛出自己的“橄榄枝”。当我把这段心路历程和Jane分享时，她笑着和我说，一个公司招聘一批毕业生进来，要花费几十个高级经理和副总裁的时间，公司不会浪费钱和精力给一个“不值得”的人，公司一定是在我身上看到了某些潜质。

“我值得”这三个字就好像是一个暂停键，一键阻断了我的自我怀疑，让我能够把精力集中在事情本身：我遇到的困难是什么？我可以怎么解决？

很快，我找到了自己完成这个项目的关键所在。这个全新项目中的一个重要指标是公司重要人物对这个项目的期望，而我则需要把这个项目做到“符合甚至超出”他们的期望。

想明白这个道理，我便着手拟订了一份重要人物的采访名单，并列出了我想了解的主要问题，比如：在这次对北京奥运会的赞助中，公司想要传达给员工的关键词是什么？领导们希望达到内部激励的目标是什么？我用了两周的时间来搜集他们的答案，与此同时，我也主动和Jane约定了每周汇报的时间，让她了解到我这一周在做什么，做成了什么。轮岗三周后，我的工作终于有了进展。

这就是我刚入职时磕磕碰碰的前三周。现在回头看，“我值得”可能是我们很多人都需要对自己说的话。谁不曾在工作中遇到这样或者那样的问题？但是与其每次都觉得是自己做不到、做不好，做事越发受限、拘谨，倒不如换个视角告诉自己：公司不会傻到浪费钱和精力给“不值得”的人，我们既然被公司选中，那就说明我们是可以胜任这个职位的，所以我们只需要专注怎么解决问题就好。

第二章 职场菜鸟攒下的第一拨『家底』

不要看轻自己正在做的事情，不要着急断定自己 “毫无作为”，而是要问问自己，此刻我做的事情，有什么能力 / 流程可以沉淀，变成未来可迁移的能力，用到别的地方。

一脚迈入全球一百强企业的我，算是踏上了职业发展的快车道。

我的确是幸运的，刚毕业就得到了在全球一百强企业里工作的机会，并且掌握了一些本领。在此后的人生中，这些本领不仅帮我走出了困境，也让我在面对未来“更艰难”“更有挑战”的处境时，有了更多的信心和底气。

这些在全球一百强企业里攒下的第一拨“家底”，我愿意毫无保留地分享给你们，说不定某天某位小伙伴会发现，自己也能从中受益。

“职场加速度”的法宝

入职后的第一项任务，是我需要做出一个员工激励计划，并且负责计划的具体执行，但实际上我根本推不动自己的计划——对于一个公司新人来说，组织跨部门的合作实在太难了。我花了大量时间去安排跨部门的会议，但真正能实现的没有几次。要么是邮件没有得到关键人物的及时回复，要么是项目组其他成员的时间凑不到一起。我的工作进度毫无意外地一拖再拖。

一个月过去了，其他管理培训生都陆续有了工作成果。有人谈妥了某个大卖场的订单，有人协助了大宗设备的采购谈判。而我呢，除了采访了五位副总裁，建立了项目组，组织了三次项目会议，就毫无作为了。

我开始抱怨分到的这个岗位不够好——毕竟人事部门是支持部门，不可能像销售部门一样那么快做出业绩。这时，我的导师出现了。我是公司重点培养的管培生，供应链副总裁 Peter（彼得）被指定为我的固定职业导师，我们每月会进行一次交流。虽然这是和他的第一次交流，但我并没有掩饰自己的沮丧。

听我抱怨完这段时间所遭受的挫折，Peter 说了一个我从未听过的词——“职场加速度”。他说对于“职场小白”而言，比起眼前看得见的战绩，更重要的其实是要积累出下一个阶段的“职场加速度”。看出我有些茫然，Peter 进一步解释说，无论是在人事部还是市场部，我们这批新人现在做的工作都是超出自己目前能力的，所以搞不定任务是很正常的，而在这个过程中，我们学会“积累流程”才是更重要的。

“积累流程”这四个字又一下子把我说蒙了。生产部门和销售部门都有自己的流程，每个部门的流程都不一样，这有什么可积累的？而且“流程”这个词，怎么看都与工作业绩不搭边吧。

Peter 一眼看穿了我的不以为然，扔了一连串问题给我：

“过去一个月你制订过自己的工作计划吗？你总结过到一个新部门或者接手一个新工作时，该如何快速让自己适应岗位吗？

“在过去的一个月中，你和老板们一对一开了很多次会，你现在清楚和高层敲定会议时间最有效的流程是什么吗？

“过去一个月里，你组建了一个跨部门项目组，那你现在可以告诉我，组建一个跨部门项目组的流程是什么吗？”

这一串灵魂拷问直接把我问晕了。看我无言以对，Peter 一点儿也不意外。他耐心地和我解释，各个部门的工作流程的确各不相同，但如果我们对这些流程进行认真的梳理，就会发现其实这些流程有一定的规律。把工作过程梳理出基本点，再连接起来，这就是积累流程。所以，在平常看似“毫无作为”的工作中，我们其实“大有可为”。

比如我组织一次跨部门合作后，可以详细记录下工作过程中的各种细节，沉淀属于我自己的 SOP（标准化流程）。那么再接到跨部门任务，我就可以做得更顺手、更有效率，也会有更多的余力去拓展自己的舒适区。这就是获得了“职场加速度”。相反，如果每做一件事都不假思索，每次都是兵荒马乱，这样的人在职场上是很难有发展潜力的。

虽然这一段谈话发生在十几年前，但我至今仍记忆犹新。

自那以后，我又在国内公司内部轮转了五个部门，然后就开始全球轮岗，再后来，我从一个外企经理变成全职妈妈，最后成为一名自媒体创业者。很多人说，大J学习能力强，能很快适应各种角色的转化。其实这一路“折腾”中让我受益最多的就是多年前Peter的教导。每做一件事，我都会问问自己，此刻我做的事情，有什么能力/流程可以沉淀，变成未来可迁移的能力，用到别的地方。

最初的九十九天——“积累流程”的实用模板

上一篇文章中提到了“积累流程”，现在就来举个详尽的例子。在我积累的“工作流程”中，有一个流程对我的帮助很大，那就是“最初的九十九天”。我们每个人一辈子都会遇到需要转变角色的时候，那么能否利用好“最初的九十九天”，就非常关键了。

什么叫“最初的九十九天”呢？

我不知道大家有没有这样的经历：刚开始到一个新的部门，如果一开始你不敢在会议上发言，那么你接下来很长时间都不会主动发言了；孩子上幼儿园，如果头两周你不主动联系老师保持沟通，那么后面你想打破僵局就会越来越困难。诸如此类的例子非常非常多，人一旦自己给自己设定了一个“习惯模式”，就会一直这样下去，很难打破。

“新开端”是一个重新建立习惯的很好的契机。但说实话，对于初来乍到的职场新人来说，大部分人入职初期都是蒙的，连要干什么都不知道，怎么谈做计划呢？这就再次提示我们，有意“积累流程”的重要性。“最初的九十九天”对我来说就是一个非常有用的模板，任何新的改变、新的岗位，我都能按照这样的模式进行计划，从而有效应对“万事开头难”。

第一步是定义岗位。每个新改变，都可以看成是新岗位。就像全职妈妈，我们也可以看作是一种新岗位。换到新岗位，我们不要总想着先找点事忙起来，似乎“干活儿做事”比“啥都不做，单纯思考”更让人踏实和安心。实际上，我们应该先停一下，想一想新岗位的职责，以及这个岗位和自己的匹配度。

那应该如何定义岗位呢？可以从下面几个问题开始：

（1）这个岗位是什么？用自己的语言描述出这个岗位的职责。

（2）岗位需要的专业技能有哪些？

（3）岗位需要的软技能有哪些？

比如，我轮岗的第三个岗位在销售部门，我对这个岗位是这样定义的：

（1）主要职责——负责浦东地区十五家大型超市卖场的巧克力销售，同时做好三个业务员的带领工作。

（2）需要具备的专业技能——巧克力品类管理、库存管理、订单系统、销售档期活动策划……

（3）需要具备的软技能——领导力、谈判技术、影响他人……

再比如，当我决定做全职妈妈时，我也是先捋清楚全职妈妈这个岗位的定义：

（1）主要职责——照料好女儿的吃喝拉撒睡，协助康复师进行早期干预，定期找各专科医生复诊……

（2）专业技能——喂奶、换尿布、哄睡、了解生长曲线、掌握早期干预知识……

（3）软技能——心态调整、对外沟通、学习能力……

如果你做过销售，或者你恰好也是一位全职妈妈，你会发现我写的岗位定义和你的很不一样，这也是这个计划的意义所在。它和老板给我们下达工作要求有所不同，因为这样的岗位定义是从“我”出发，而每个人关注的点往往是不一样的。

第二步，我们需要衡量当下实力与岗位目标的差距。简单来说，就是我现在有什么，还缺什么，要补什么。我很喜欢这一步，因为它帮助我建立了一个行动地图，了解到自己在哪里，想要去哪里，怎么做才能到达既定目标。如果没有行动地图，我们可能会觉得离目标太远，担心自己根本就达不到。

而这一步里还藏着一个陷阱，也是很多人容易踩的坑——遇到不懂的问题，先找本大部头教材来“啃”。比如，我不懂巧克力品类管理，那就买一本专业书来看看；我不会喂奶，就赶紧买一本育儿指南。而这恰恰是新手往往卡在这一步的原因——要不然就是压根儿看不下去，要不然就是硬着头皮读了一大堆理论，却对实际工作没有帮助，最后只能在无比沮丧的心情中中断行动。

我想和大家分享的一个经验是，先从手边具体的事情做起，先学看得见、摸得着的专业技能。比如，我不懂品类管理，我就先跑店，和理货员一起排货架，一面学习具体的技能，一面在脑海里打开“行动地图”。清楚知道自己缺失什么后，就可以在日常工作中随时向店员、同事、老板以及同行请教，这样过了一段时间，我就很快积攒下不少与品类管理相关的知识。

很多时候我们学不会或者做不到，不是因为我们看得不够多，而是因为我们做得太少。我们一定要相信自己具备在“做中学”的能力。我自己的学习模型是“70-20-10”，也就是百分之七十“做中学”，百分之二十“书里学”，百分之十“向别人学”。

第三步，我们要学会庆祝微小的进步。比如，我会庆祝自己连续写了十天育儿日记。这十篇日记没什么了不起，但我能坚持下来，就值得奖励自己。

一定要记住，最初的九十九天是相当“关键”的开端，也是相当“脆弱”的时期。所以我们要建立自己的“内部打分系统”，多庆祝微小的进步，适时给自己奖励，这样就更容易坚持下去。

“最初的九十九天”这个标准流程让我获益很多。当我仰望某一领域的“大咖”，心生自卑时，我就会告诉自己，与其羡慕别人，不如立即开始自己的“最初的九十九天”，那才是接近梦想的正确方式。一步又一步，我们都能离自己想要的东西更近。

“不喜欢”的事情往往更值得做好

我轮岗的第二站是工业工程部。这个部门的职责是依据数字指标建立模型，优化生产效率和节约成本。但我向来不爱和数字打交道。刚从人事部门的轮岗中“幸存”下来，就被告知这个轮岗决定，我的心情真是难以描述。

“所以你更应该去，你要尝试在‘不喜欢的事情’里找到相对喜欢的部分。”这是我的职场导师 Peter 听完我的抱怨后，对我说的话。

数字从面目“可憎”到“可爱”，只差一个“失业”

我在工业工程部的第一个任务是给巧克力的四条生产线算每天的运能效率。这是一个专业生产指标，具体工作就是收集原始数据进行计算，结合指标分析出生产线的问题或者潜在机会点。

我是真的讨厌数字。有多讨厌呢？最开始的几天，我只要打开 EXCEL 表格，看着那密密麻麻的数字，脑袋就嗡嗡嗡地响，大脑立马停止运作。每到这时，我的心里都翻腾着一股怒火：瞧，我都说了我不合适，非要把我派到这里来。

轮岗的第一周，不知天高地厚的我和部门经理 Ruiting（瑞廷）扯皮："您看，我就是做不到，我就是学不会。"

当我又一次"撒泼"时，Ruiting 很严肃地和我说："Jessica，如果我告诉你，明天你若不能很好地完成生产指标分析报告，就要失去这份工作，你会怎么办？"这句话瞬间骂醒了我。是的，如果我的身上没有带着"管理培训生"的光环，我还可以这样任性而为吗？

因为我是管理培训生，所以我可以直接找管理层对话，我可以表达自己喜欢做什么工作，不喜欢做什么工作，以至于我压根儿都没想过，如果这就是我必须接受的工作，并且如果做不到明天就会失业时，我还会这样"挑三拣四"吗？

我已经够幸运了，但我恰恰忘记了一点，我也需要足够努力才能配得上这份幸运。还真别说，我这一清醒，连讨厌数字的毛病也好了一大半。打开 EXCEL 表格后，我不再心生反感，大脑空空，反而产生了强烈的学习欲望，迫切地想要掌握基本的数据处理能力。我开始学习做数据透视表和 Vlookup，学习查找公式出错的原因。同时，我开始频繁进入公司的生产一线，确保输入数据的准确性。

慢慢地，我发现自己竟然也能处理大批量的数据了，可以做出基础的数据整理了，能建立模型跑出结果了。在我改变工作态度后的短短一个多月内，我竟然学会了那么多！

拿捏住"不喜欢"的事情，我们的底气会更足

过了一段时间，部门经理 Ruiting 给我布置了一个新任务，让我独立分析一款巧克力生产二线的运营效率。我铆足了劲，定义问题，分析问题，收集数据，搭建模型。严格说来，这是我第一个独当一面的项目。我花了很多心思在项目上，还主动跟着生产线倒夜班，以便能够采集到一线数据。

几天后，我把自以为很完美的分析报告交给了 Ruiting，结果他只用了三十秒就指出了我这份报告中的各种硬伤。那一刻，我真觉得自己太笨了，也不知道是羞愧还是着急，眼泪一下就涌了上来。Ruiting 是个典型的北方汉子，面对我的眼泪，有点不知所措，赶紧从我的报告里扒拉出些闪光点来肯定我。

我能感受到 Ruiting 的善意，但我不得不承认他所指出的问题都是非常关键的硬伤。不过这一次我迅速整理好挫败感，带着骨子里的小倔强，回到工位继续修改这份数据报告。当我第一次交出一份完美的数据分析报告时，一种强烈的幸福感从心底涌起。

在工业工程部轮岗结业考核中，一位管理人员问我：现在喜欢数据分析了吗？我笑着回答说，还是不喜欢，但我可以确定的一点是，即便是我不擅长甚至不喜欢的事情，我也有能力把它做好。

感觉最差的时候，才是最需要坚持的时候

我轮岗第三站是销售部门，具体任务是回到上海分公司，负责浦东新区大卖场的实地销售工作。任职第一天，精心打扮的我被同事认为是从总部下派来镀金的“洋娃娃”。心怀一腔工作热情的我感到被严重冒犯，差点不欢而散。

后来我才发现，一个真正的销售员是不会穿着高跟鞋跑店的，也不会背一个只够放化妆品，放不下订单和名片的小包。不是同事“以貌取人”，而是我的确“格格不入”。这也算是我销售生涯的“开学第一课”吧。一个集体有一个集体的场，从内到外融入他们，才能让大家把关注点放到你所做的事，而不是你这个人身上。

不过，真正最难熬的日子是在自己独立跑店之后。

被“团欺”的第一次卖场“秀”

第一次去大卖场拿订单，我和一家超市的采购主管约好早上10点在员工通道见面。我从10点等到11点，没人出现，给他发消息也没有回复。我连厕所都不敢上，硬生生地等到下午3点，才不得不接受这位主

管不会现身的事实。

我不甘心白来一趟，自己跑到负责的货架边，正巧促销员在搬货，我想帮忙，结果压根儿拎不动，好不容易连拖带拽才勉强把一箱货送到货架，还把外包装弄坏了。竞品公司的销售员不知道是不是专门路过，大声说："这是找了个黄毛丫头来卖货啊，看来 ×× 公司真的要不行了吧。"

我脑子里轰的一声，一片空白，本来就饿着肚子被人放了一天鸽子，不仅被自己公司的促销员嫌弃，还被其他公司的销售员言语攻击。我强撑着最后的力气走出超市，一屁股坐在路边放声大哭。

我给导师 Peter 打电话，哭得稀里哗啦。以急脾气闻名的导师这一次却异常耐心，听完我吐槽，他才在电话那头开口："Jessica，你还记得回上海前你和我说过的目标吗？你说你想做品牌经理，所以你才选择到销售部门轮岗，这样你就能真正了解货物是怎么卖出去的。"

我强辩道，既然我的目标本来就不是干好实地销售，那现在放弃又有什么关系呢？刚才还温和劝说我的导师，突然非常严厉地说："你当然可以不干，但不是现在。等你能够见到这家超市主管进行畅快的沟通，能够与促销员和竞品销售员进行正常的交流，能够平静地走出这家超市而不是像现在这样哭哭啼啼地落荒而逃时，你就可以结束这次轮岗，调回总部。"

好吧，打完电话，我知道自己别无选择，这一关必须过。

销售不是"单向"卖，而是"双方"赢

怎么搞定卖场的采购主管们呢？我专门去请教了团队里的销售冠军。

销售冠军问我：“在你看来，销售是什么？”我当时心想，这算什么问题？这不明摆着嘛，对于公司来说，销售不就是卖巧克力吗？

销售冠军却告诉我，销售的本质并不是售卖货品，卖场有那么多东西可卖，咱们的货品对于卖场的采购主管来说并非是必需品。但采购主管也有自己的业绩指标，也需要给他的老板汇报工作，那么我们要做的就是为采购主管提供服务，帮助他把本职工作做得更好。

真是一语惊醒梦中人！和销售冠军谈话之后，我转变了工作方式：跑店不再是单纯跑店了，我开始了解每个超市的商业策略。我注意到，有的超市会关注货架单位产出率，有的超市会关注品类发展。然后我就追问自己，各个超市宏观的商业策略，落到个人身上意味着什么？

要想知道这个问题的答案，光和采购主管官方约谈肯定不行。我转而不断在卖场里制造“偶遇”。一有机会开口，我就输出自己对卖场的理解，以及如何合作可以帮助到对方。慢慢地，有几家卖场的采购主管愿意和我深入交流了，甚至有一位采购主管还请我帮忙优化他的工作汇报PPT。就这样，一家又一家门店陆续被我攻克下来。卖场里没人再说我是“假装工作”的客人了，竞品销售员也不敢小瞧我了，而是把我视作强劲的对手。

这是我人生第一次明白“双赢”的概念，也是第一次真正理解什么是“换位思考”。这个视角的转变成就了我后来很多的合作，也让我拥有了走得更远的机会。

每个人其实都有自己的“隐藏技能”

在销售部门轮岗时期，有一位同事让我印象深刻，那就是前下属Y。那一年，我二十六岁，而她已经三十六岁了。那时离婚姻家庭还很远的我，无法共情她的窘境：她做了三年全职妈妈，孩子入园后想重新工作，却发现自己没有一技之长。但正是这样一个曾经陷入自我怀疑的女性，只用了五年时间，就从一个普通的超市理货员成长为一位优秀的品类管理专员。

在我人生的低谷期，每次想到她，都能带给我巨大的能量。

自以为是的“一技之长”培养计划

第一次接触Y，是在我管理卖场时期。做绩效回顾时，我按照惯例问她的职业目标，Y停了好几秒，一脸茫然地回答：“不知道。”

那时候的我，压根儿无法接受这个答案。怎么会有人不知道自己的职业目标呢？从我的角度看，她的目标应该非常清晰：从理货员先晋升到销售业务助理，然后再成为销售业务代表，最后晋升为销售业务负责人……

但Y对这样的职业规划明显没兴趣。她沉默了很久，才缓缓说出一句："我不是不想进步，可我已经人到中年，毫无一技之长，我拿什么去拼职场？"

没有一技之长，那就培养呗！我开始非常认真地帮助Y打造她的"一技之长"，根据公司《销售宝典》里介绍的几大能力，给她制订了一份自我提升计划。首先，她需要提高谈判技巧。Y每天都在卖场理货，一定有很多机会向顾客推销。其次，她要提高销售数据分析能力。为此我还特别要求她在每周例会上提供一份货品动销数据，这样就可以帮助她建立数据思维。最后，我建议她多一些跨部门合作，并且主动帮她创造了一些这样的机会。

这听上去是不是一份能让Y踏上大好前程的计划？至少我自己是深信不疑的。Y最初很配合我的培养计划，但离开她熟悉的货架后，她显然有些局促不安。这种状态很正常，跨出舒适圈都会有这个过程，我自己也是这么过来的。直到某天下午，当我再次给Y提要求时，她突然面红耳赤地对我一通喊："我和你不一样，你是大学生，还是管理培训生！我啥也不是！你别管我！"

喊完之后，她头也不回地冲回仓库，留下了我在原地目瞪口呆。

所谓"一技之长"或许就藏在我们每天做的事情中

在Y爆发不满之后，整整一周我的情绪都很低迷，感觉自己错付了"真心"。明明是为她谋划出路，她怎么还有那么大怨气？

在每月的导师谈话中，我和Peter倾吐了自己的困扰。Peter和我说，

“努力”也好，“提升”也好，这些都是带有主观性的词。换句话说，如果一个人内心没有足够的能量，外界对他的推动和督促都像是在“逼迫”他，反而让他觉得自己很糟糕。

我倔强地反驳导师，既然她抱怨自己没有“一技之长”，那我帮助她发现“一技之长”，我有什么错？

Peter 让我先想一想到底什么算是“一技之长”。他建议我换个角度，先帮助 Y 做好当下的事情，等待她自己激发出想获得“一技之长”的欲望。在这个过程中，我们或许会发现她其实一直都有自己的“一技之长”。

我并没有完全理解 Peter 的意思，但有一点我是知道了，之前那些“职场目标”“能力发展”一类的词，一个也不要再提了。放弃了给 Y 灌输教程，我反而空出一大堆时间在旁边观察她。我发现无论促销员何时向她询问何种单品的库存，她都能对答如流。我有点震惊，我已经负责这个卖场一个多月了，可你要问我这里销售最好的巧克力是什么，我还真的无法脱口而出。

我这才惊觉，Y 其实很厉害啊！

我开始虚心地向 Y 请教：为什么货架最下面几层放的是小包装的棒棒糖呢？为什么礼盒装都要放在货架最上面？Y 一开始是答不上来的，但她很快就给了我回复。她解释说，像糖果这样的小商品，消费者冲动购买的情况比较多，很多时候都是孩子一眼看到这些小东西很喜欢，而父母看价格也不贵，便顺手买了。而孩子能看到的地方，如果放个大礼盒，反而不好卖。一来孩子看不到里面是什么，很难产生兴趣，二来家长一看价格不菲，往往会拒绝孩子的购买要求。

我追问 Y，那为什么我们公司卖得最好的巧克力需要放在中间那层呢？Y 把我拉到货架前，让我自己看：就算货架再满，我们还是一眼就能看见视线平齐的高度，也就是货架中间那层的货品。

那一刻我开始有点明白 Peter 说的话了，每个人其实都有自己的“一技之长”，而它就隐藏在我们每天所做的事情里，只是有时候可能看上去微不足道而已。

“一技之长”不能强扭，但能自发生长

我建议 Y 在团队例会时，把这些经验分享给大家。Y 的第一反应是被吓到了，连连摆手。在我的“威逼利诱”下，她才硬着头皮在例会上做了分享。这次例会之后，我牵手两个销售人员成立了项目组，拿出两个卖场进行不同货架排列的测试，准备通过实际效果验证一下 Y 的经验。

那次分享以后，Y 有了一个明显变化，她不再只围着货架转了，她不仅开始关心项目的进展，还会主动找我一起聊她最近的新发现。

“你知道吗？我现在每天都会给自己一个小目标，要在每天的工作里做一件让自己增值的事情。”Y 骄傲地向我透露她的小秘密。

我这才真正理解导师的话：帮助 Y 做好当下的工作，当她对自己有了信心，自己就能激发出挖掘“一技之长”的能量。

Y 的故事到此为止了吗？当然没有。她变成了最积极的卖场理货员，会主动和销售代表、卖场主管分享自己的新发现。一年后，Y 主动申请面试销售业务员，而我正是她的面试官之一。她在面试中自信满满地拿出自己的笔记本，那是她过去一年里每天记录的顾客购买分析和货架整理心得。之后她又成功申请做了品类管理的负责人，而这些都发生在她三十六岁到四十一岁的“中年高龄”期间。

就像 Y 自己所说，在普通的事情上多用心一点点，再普通的人也都可以拥有自己的“一技之长”。

排除他力加持，才是属于自己的潜力

第三轮轮岗结束，意味着我们的管理培训生身份即将发生转变，大家要面临真正的定岗。而更为重要的是，对于我们这群管理培训生来说，也会是第一个分水岭：顺利晋级的人员可以成为部门经理，而被淘汰的人员就会保持现在的级别。

所有管理培训生都在全力准备最终的考核，除了需要提交一份述职PPT，我们还需要回答公司管理层和人事负责人的提问。有好几个小伙伴的PPT做得特别好，不仅详细展示了自己在三个轮岗部门所做的工作，还有实打实的数字指标印证自己取得的成绩，比如自己在工作中节约了多少成本，或者达成了多少销量。

相比之下，我的PPT就显得太一般了，只有很少的篇幅展示工作成果，更多的篇幅是在复盘自己哪些地方还可以做得更好。我不是刻意低调，只是觉得自己在轮岗过程中的成长大于成就。

然而，看到其他人的PPT里亮眼的成绩，我还是陷入了焦虑：这样的陈述会让自己的不足一览无余，在如此关键的竞争场合，真的适合这样说吗？那段时间，我几乎每晚都失眠。我差不多可以确定其他人的陈述才是高分答卷，但我又无法说服自己夸大我在整个工作中的作用。想到这次考核的结果有可能是灰溜溜地回上海，我忍不住给爸爸打了一个电话。

爸爸说："如果你认定这个公司的老板们可以帮助你成长，那么就大胆说出你真实的想法，毫无保留地展示自己，无论是优势还是劣势，让他们更好地了解你，自然也能更好地帮助你。"

我问爸爸，那如果我被淘汰怎么办？难道要灰溜溜地回上海吗？

爸爸在电话那头说，如果被淘汰，就去问清楚自己哪里做得不好，以后再提高呗。再说，尽管管理培训生的起点很高，但绝不会是我人生的最高处。不管是被淘汰还是晋级，能有收获才是最大的财富。退一步讲，就算被淘汰，家里多我一双筷子绝对没问题。

打完电话，我无比轻松，感觉自己有了底气和退路。考核那天，我遵循自己的本心进行了述职，没想到结果出奇地好，拿到了这次考核为数不多的高分。开心之余，我也有点困惑，为什么没有亮眼业绩的我可以拿到高分呢？

后来，我向一位面试官提出这个问题。这位公司副总裁给我算了一笔账：招聘一个管理培训生公司要花费很高的成本，除了近一万元的月薪，还有每月至少一次和管理层导师的一对一谈话，以及多位公司优秀部门经理的带领和指导。因此要说我们现在个人的业绩，不管自己感觉做得有多好，对于公司来说，肯定都是亏本的。

想想也是啊，我们这群初出茅庐的毕业生，充其量也只是在同龄人里面稍微领先一点点，但要说真的可以独当一面，成为带领团队的部门经理，其实还是有很大差距的。

那我就更困惑了，既然我们此刻都无法达到一名经理的标准，那公司管理层的筛选标准是什么呢？

“潜力！”副总裁重重地说出了这两个字，“管理者往往会根据你当下的行为表现和思维模式来预测你未来的成长空间。换句话说，一个人做到了什么是很重要，但是一个人是如何做成这些事的，又是如何看待自己做到这些事的，更加重要。”

在管理者看来，有的人做成了某一件事情，立马就把所有的成绩都归功于自己的个人能力，这个时候他的成长也就停滞了。而所谓“潜力”，就是当一个人获得成功的时候，可以把个人因素和团队因素剥离开来，去总结和反思，下次再做同样的事情，个人可以在哪里做得更好。

所以，在这次述职报告中，公司管理者想要的是一份“真实”的答卷，而不是一份“应试”的答卷。这也是我的述职得到高分的原因——管理者看到了我的“潜力”。

我当初的陈述只是遵从了自己的本心，而副总裁从公司管理者层面对考核标准的解读，对我此后的思维方式产生了极大的影响。区分环境因素和个人因素，不仅让我建立了很好的成长型思维，还让我有了一个非常全面的参照系，无论面对什么结果，既不会陷入轻狂狭隘，也不会妄自菲薄。

别人的期待可绝不等同于自己的目标

管理培训生轮岗，为的是最终定岗。这其实是一个需要不断思考和调整目标的过程，而我却一度以为自己的目标非常清晰。

第一次轮岗结束后的考核，一位考官问我对自己三到五年的职业规划是什么，我脱口而出，我想成为公司的总经理。房间里静默了好几秒，我才惊觉自己的回答是不是有点不知分寸了。不过，当考官追问这是不是我的真实想法时，我还是坚定地点了点头。

我当时真的觉得这个问题不可能有其他的答案。所谓的管理培训生，不就是未来优秀经理的人才储备吗？这不就是公司培养我们的目标吗？

这位考官仿佛看穿了我的心思，盯着我说了一句话："别人对你的期待是别人的，你需要自己明白自己想要什么。"

第一轮考核结束后，这位提问的考官——一位供应链副总裁就成了我的职业导师，也就是前面已经多次提到的 Peter。他每次和我谈话，都要提醒我继续思考我的职业目标。

在很长时间内我只有这样一个答案：我想象不到未来的样子，但我知道公司希望我们能成为总经理，所以我会为之努力。而 Peter 则反复和我强调一点：公司对管理培训生项目的期待，的确是打造一批本土化的中国管理层。但具体到每一个人，仍然需要想清楚自己的目标。如果自己没有想清楚，就很容易把别人的期待误认为是自己的目标。

三轮轮岗结束，我以高分成为管培生中第一批部门经理。公司寄予了我们很高的期望，也给予了我们最大的尊重，赋予我们岗位选择的自主权。我大学的专业是物流管理，职业导师又是供应链副总裁，可以说当时全公司的人都认为我选择后端的岗位更加合适——不仅专业对口，而且还有个公司大佬可以力挺我。

如果按这条路走，我不仅可以月薪翻番，而且也顺理成章进入了升职快车道。但此时我的内心有个念头隐隐浮现：我真正想做的不是物流管理，而是市场销售。我主动找导师沟通我的真实想法，包括让我纠结的这些小心思。

同事们觉得我太幼稚，怎么能把自己想走捷径的想法都告诉公司老大呢？但我当时的想法很简单，我愿意和这个公司共同成长，我也信任公司和我的老板们，所以我愿意让他们了解我最真实的想法，我也愿意听取他们的分析。

当我分析完两种选择的利弊后，Peter 和我说了三段话：

“谢谢你的坦诚，敢于直面自己的内心，并且愿意和我们分享，这本身就需要很大的勇气。

“不走捷径才是职场上最好的捷径。永远不要妄想把自己的职业生涯建立在某个人身上。我会退休，我也会改变。而你的职业生涯最大的靠山，只能是你自己的努力和能力。

“工作最终是个人价值的实现。工作早期的幸福感也许是通过职位和工资得到的，但越往后你越会发现，工作的幸福感最终取决于这是不是你喜欢做的工作。”

Peter 的这三段话，让我放弃了几乎所有人都觉得有利于我的供应链岗位，我按照自己的心意，选择了在市场部定岗。

我们在成长之路上的很多纠结，可能就来自大脑和内心的拧巴。我们有一万个理由说服自己 A 是最优解，但最后往往敌不过内心的那个“我喜欢”。人生最大的遗憾，从来不是“没做到什么”，而是“我本想做什么”，不是吗？

第三章

『收放自如』也是一种成熟

如今再回头去看人生中一些重要的抉择时刻，我发现结婚最关键的因素之一是找到三观匹配的人，而不是仅仅找一个“对我好的人”，因为“对我好”是会改变的。

如果你一路看下来，是不是觉得大 J 的故事除了工作就是工作？还真不是！不知道每个乖孩子在长大以后是不是都会试着“叛逆”和“放飞”，反正我自己决定孤身闯北京，还存着一个私心：天高老妈远，我的人生我做主！

我的北京生活

从小父母就要求我少吃零食多吃三餐，好好读书少玩乐。在北漂的第一年，这两项规定就被我打破了。

我们公司的产品是什么？是巧克力！北京的总部工厂和办公室是在一起的。每天早晨踏入公司，就能闻到浓浓的巧克力味。尤其在起风的早上和傍晚，那股香味能飘到好几公里外。

在公司每天的晨会上，带班经理不仅会和所有同事汇报昨晚的生产情况，还会把前一天晚上刚刚下线的产品都拿到办公室，邀请大家品尝新鲜出炉的巧克力产品。所以我们这群管理培训生参加晨会最积极，因为我们可以吃到各种各样的巧克力——牛奶巧克力、黑巧克力、榛子巧克力、脆米粒巧克力、杏仁巧克力……

除了晨会可以吃到巧克力，公司所有会议室和茶水间也都随处摆放着各种巧克力。那段时间我每一天的工作都是先从抓一大把巧克力开始的。而下班后呢，我又变成北京美食的粉丝。卤煮火烧、涮羊肉、羊蝎子火锅……我几乎每天解锁一种新美食，生活过得不亦乐乎。直到年底体检发现中度脂肪肝，我才惊觉短短六个月，我就已经胖了十五斤。再后来，我已经不满足在“吃货”的路上放飞了。我爱上了泡吧，喜欢上微醺放松的感觉。

在北京的第一年，我就这样过着“纸醉金迷”的生活。我甚至有点后悔，自己之前的生活为什么那么平淡枯燥。而随之而来的是一股“怨气”，怨父母对我的要求太严格，我的青春时代才会黯然失色；又怨自己太听话，才会在青春时代错过了那么多好玩的事情。

那后来呢？我真的就开始一种随心所欲的生活了吗？ 和你们说，并没有。很奇怪，没人干涉，没人评价，没人指责，突然有一天我自己就不爱这些所谓的“自由生活”了。我现在怎么也回想不起，到底是从何时开始，那些我曾以为是“最好”“最有趣”的事情，怎么就会突然失去了我的“偏爱”，然后我就迅速回归到了正常饮食，也迅速回归到了正常作息，而我身体的各项指标也很快回归到了正常区间。

但是这段“接着吃接着舞”的日子，好像也没有对我造成特别大的负面影响。因为年少时被“折叠”的欲望在这段时间得到了畅快舒展，我反而能对自己的生活节奏更加“收放自如”。

遇见对的“那个人”

认识先生之前，我谈过一次恋爱，也是我的初恋。当时我大三，他比我大八岁，已经算是小有成就。和他在一起，我退化成了小孩子，什么他都会给我安排妥当。而我得抬起头仰视他，甚至有一段时间我所有的动力都是希望自己能够配得上他。和他相比，我觉得同龄男孩好幼稚。那时候我觉得这就是爱情。

但是当我入职到全球一百强企业，接触到了更大的世界和更多的人，我感觉自己看向他的目光在一点儿一点儿地改变。直到有一天，我突然和他说，我好像不那么崇拜他了，因为公司里那些三十多岁的经理都和他一样成熟，甚至更加优秀。

随着那层滤镜的减少，我和他相处的矛盾就显现出来了。他似乎从来不问我的感受。以前他对我的各种安排让我觉得特别有安全感，但现在我开始有点抗拒，发现他的一些安排我并不是真的喜欢；而当我和他很认真地讨论工作时，他给我的回应永远只有一句：不开心就不干。然后这个话题就被匆匆带过。但他不知道，我其实很喜欢我的工作，而且很想干好。

随着我的工作日益忙碌，再加上各自在南北两地，我和他经常一周甚至两周都没有联系。我突然发现我的生活竟然可以没有他了。工作后的第一个春节假期，他向我求婚。我想象中的求婚是有大餐、玫瑰花和钻石的浪漫现场，但他的求婚却是在一家普通的咖啡厅，就像和我开会一样，一条一条地冷静谈论着我们婚后的安排。

那一刻我特别难受，止不住大哭起来："不是这样的，这不是爱情。你不是爱我，你只是在权衡利弊，你只是把我当作一个合适的结婚对象。"谁也没想到，他的这次求婚反倒成了我们分手的导火索。

这段恋情结束后，有很长一段时间我的情绪都非常低落，而治愈我的竟然是北京这座城市。那时候我经常做两件事：晒太阳和打车。北京的阳光总是那么灿烂，暖暖地晒着太阳，会让我觉得自己似乎也没那么难过。我也特别爱听北京出租车司机唠嗑。就算带着"低气压"上车，但是听完"的哥"天南地北一顿海聊后，我会感觉所有事情都云淡风轻，不值得放在心上。

我发现原来"有趣"是这么重要，能听着段子嘎嘎大笑是这么快乐。我越来越喜欢北方人的"粗线条"，可能对于我这样的"社恐"，北方人的大大咧咧让我减少了不少压力，自在了很多。

在公司里我遇到了来自世界各地的人，私下我会把每个人都当成一个地域的代表，他们的性格会变成我对于这个地方的认知，比如新加坡人的精明、澳大利亚人的热情、英国人的绅士。这样，在读书时期就熟知却又陌生的很多地方，一下子就变得立体而生动。

我有种强烈的欲望，我要去这些地方看一看。也就在那时，我想要的生活开始变得清晰：我不想过那种一眼望到头的生活，我不想走工作、结婚、生子这样一条稳定的轨迹。想清楚这一点，我放下了对初恋的遗憾。原来，这才是我和他之间不可协调的矛盾——他想要稳定的生活，而我还想去尝试各种可能性。

之后，我便遇到了和我性格完全不同的一个人，也就是我的先生。我们都是上海人，还是大学校友，但真正相识却是在北京的公司。我和他是同一批管理培训生。就像前面说的，管培生之间是存在竞争关系的，但他却好像从不在意这些，他会第一时间和大家分享轮岗过程中的感悟心得，也会帮助包括我在内的其他管培生一遍遍排练述职 PPT，教我们如何提高演讲技能。

他还善于发现别人的优点。他不仅能在我身上看到闪光点，还会放大我的闪光点，以此来激发我自己的力量感。在他身边，我不需要刻意改变什么，我第一次感受到做真正的自己是多么地自在。而他的松弛感又恰好可以缓解我的敏感和焦虑。以前，我经常会纠结买 A 还是买 B，买后又经常自责自己乱花钱。但他一句话就解开了我的心结："你是花了钱，买了东西，可只要你觉得开心，有什么可纠结的呢？因为现在开开心心可是最值钱的。"

就这样，我们在一起了。相似的经历让我们之间的生活方式和沟通模式都不需要过多的磨合。最重要的是，我们对未来的不确定都充满着期待。

如今回看，我很确定自己的初恋注定是没有结果的。我们在年轻的时候，最需要花时间考虑的有三个问题：在哪里生活，和谁在一起生活，做怎么样的工作。但讽刺的是，我们在最重要的这三件事上，思考的时间可能却最少。

不过，也许年轻的我们哪怕很认真地思考这三个问题，还是搞不清楚自己的答案。所以我们有时候是需要跳出熟悉的小圈子，去不同地方看不同的风景，这样我们才会拥有更大的思考空间，想清楚我们究竟喜欢什么样的生活，喜欢什么样的人。

我的婚礼没彩礼有底气

恋爱两年后，有一天男友突然神秘兮兮地和我说，他要离开北京两天，而且这两天也不方便和我联系。他回来的那天是周末，约我去吃北京最好的西餐。我很纳闷，要知道他平常最喜欢的可是卤煮、小龙虾这样的东西，这次怎么会想起来去吃那么贵的西餐？但是男友不仅很坚持，还破天荒地对我的着装提出了要求。直到那天晚餐时，他这一顿莫名其妙的操作才有了答案：等甜品时，他突然单膝下跪，拿出戒指向我求婚。

这时，他才和我说，他消失的两天是去了香港。因为他知道我很钟情一个首饰品牌，而他发现在香港买这个品牌的婚戒更合适，他可以用仅有的六万五千元的存款买到一个克拉数更高的钻戒。记得我接过钻戒的时候，他还开玩笑说，他的银行卡现在一分钱都没了，所以在下个月发工资之前，吃喝都得赖上我了。

接下这枚让我惊喜的戒指，正式拜见双方父母就得提上日程了。但他却开始恐慌了，因为当时上海人家嫁女儿，房和车是标配，他却什么也没有。说实话，这还是我第一次见他这么不松弛。可他担心的一切从来不在我的考虑范围之内，因为父母一直教育我凡事要靠自己，所以我笃定爸妈一定会支持我的选择。

果然，他和我父母的见面非常顺利。我的父母反复强调的只有一句“你们幸福就好”。是的，我“裸婚”了。没有所谓的“彩礼”，我们就这样领证了。而且我和他也默契地达成共识，不办婚礼，也不拍婚纱照。我们向父母借了一笔钱，作为在北京买房的首付（几年后，我们把借款还了），就算是在北京安家立业了。

结婚后的生活当然不如谈恋爱那么精彩，而我们对职场的热情似乎也在慢慢减少。当某一天我们瘫在沙发上看电视时，我们突然都意识到一个问题：我们两人的职场和生活倦怠期比想象中更早地到来了。

不得不说，我们是幸运的。就当我们不想这样“安稳”下去的时候，一个机会从天而降。我们可以一起参加公司的全球轮岗，但这意味着未来两三年我们会一直“在路上”，我们晋升的时间也有可能被延迟。不过就像你们所知道的，我们都毫无悬念地选择参加全球轮岗，这中间我和他没有一丝一毫的分歧。

其实我曾经被很多人偷偷问过：我真的不后悔吗？明明可以享受现成的优渥生活，却找了一个白手起家的人共度余生。如果真的只是一个数字对比，说实话我肯定也会后悔的，但我并不后悔。

直到现在，我的婚姻观也没有变过。一个人要先有独立生活的能力，才能走入婚姻。不要把伴侣作为拯救自己的人，因为当年的“我养你”，很可能变成若干年后的“都是我养的你”。十几年过去，我更加明确，结婚最关键的因素是找到三观匹配的人，而不是仅仅找一个“对我好的人”，因为“对我好”是会改变的。

对于我们大多数人来说，生活的本质最后就是三点：我们如何和世界沟通，我们如何看待这个世界，以及我们想要过什么样的生活。两个人在这三个问题上的匹配度，根本上决定了婚后生活的幸福程度。我想我是幸运的，哪怕年轻的时候并没想得那么透彻，但的确遇到了这个对的人。

第四章

我看到了世界，也看见了自己

你认为自己是什么样的人，不断暗示自己是什么样的人，持续向外界展示你是什么样的人，你最终就会成为什么样的人。

人生中第一次出国，还是大学时期去澳大利亚交流学习。不过，那时我还只是一个普通的交流生，既没游玩的时间，也没游玩的闲钱。所以当我真正打开“全球轮岗”这扇通往世界的大门时，我才真正开了眼界。

“伪装”气场，直到成功

我参加全球轮岗的第一站是走奢华风的迪拜。在这里的第一次出差，我就被震惊到了。那次我坐的是阿联酋航空公务舱，连机舱赠送的洗漱包都是颇有名气的品牌。当频繁出差让我升级为阿联酋航空黄金会员时，我再一次被他们的服务震撼到——航空公司记录下我个人的出行偏好，甚至连我最爱焦糖海盐味冰激凌这样的细节都没有放过。不仅如此，飞机落地后还有中东帅哥一路护送，陪买拎包。虽然我的先生对最后这一项服务不太理解，但我们的确达成了一定要努力工作、努力赚钱的共识。

不过，虽然在迪拜见识到了光鲜亮丽的生活，但我自己的全球轮岗生涯可与“光鲜亮丽”这几个字毫不相关，甚至可以说是狼狈不堪。我是迪拜航空公司的黄金会员，但在迪拜的公司，我就是一个没有任何存在感的路人而已。

被“另眼”相看的“路人”经理

虽然我的职位是经理，但在公司的项目会议上，很少有人会认真听我说了什么。同样的话，从我的美国下属口中说出来，大家好像还更信服些。我开始以为是我的英文表达不够好，毕竟英语不是我的母语，但是后来又觉得"甩锅"给语言说不过去，因为在工作领域，我的英文沟通能力已经被反复验证过。

经过一段时间的反思，我又把自己被忽视的原因归结为样貌——我的"娃娃脸"让我显得格外年轻，没有足够"气场"压住场面。可很快我就发现，这些外在的原因压根儿不值一提。那时我的顶头上司 Lynn（琳恩）就是个娇小玲珑的澳大利亚女性，但哪怕面对一米九的壮汉，她的气场也绝对不输。每次开会，她都是最吸引眼球的人物之一，让在座者无法忽略她说的每一个字。

当自己一次又一次被"另眼"相待后，我终于忍不住跑去问我的老板，她身上傲视群雄的气场到底是怎么培养出来的。本以为自己抛出的是一个宏大的命题，老板得准备一大堆玄妙道理。没想到她想都没想就回答我：从改变穿着风格开始！

这算是什么回答啊？我心想这也太肤浅了吧。老板看出我的疑问，爽朗大笑着和我说："让我来告诉你一个秘密。刚加入这个公司时，我也很年轻，每天就穿着 T 恤和短裤上班。直到有一天我的上级经理把我叫过去说，公司上班是有着装规定的。天哪，我人生第一次知道还有这样一个词——business casual（职业休闲）。这两个单词我都听得懂，但是放在一起我硬是不理解。"

我当然知道老板说的这个词。公司入职培训第一课就包括了员工的穿着礼仪。不过我们在国内工作时并没有严格执行这项规定，很多人不穿职业休闲装。我甚至还穿着大学时代的衣服，也没有同事说我的着装有什么不妥。

"难道我去买一套西服，我的气场就会变强大吗？"我难以置信地问。

而我的老板只回答了一句"Fake it until you make it"（伪装一切，直到你成功）。说完，老板从上到下打量了一下我穿的T恤和牛仔裤，然后建议我把这些衣服全都换掉，因为公司不会把重要工作交付给一个还有"学生气"的经理。

老实说，我并没有立即被老板说服，但我没法否认自己确实还带着"学生气"。所以那个周末，我疯狂采购了不少衬衫和西裤，还做了一件以前从不敢尝试的事情——烫头发。我甚至连老板喜欢戴框架眼镜的细节都复制了。

新的周一，全新的Jessica来到公司，但好像除了老板一下子看出我的转变，没有一个人注意到我的"变装"。我有点沮丧——这可是我花了巨资、费了很多心思做出的改变，怎么就没人注意到我正在酝酿的"强大气场"呢？

穿上"战袍"，展现气场！

可是，那一周的确有神奇的事情发生了。

因为穿上了职业套装，我仿佛觉得内心更加坚定了。当我的意见照例被忽视时，我破天荒地打断了别人的发言，询问对方是否听到了我的意见。从这一刻起，会议氛围发生了改变。我越是坚定追问大家是否听到我的发言，大家越会认真地听我的发言，而我也越来越敢于表达，内心的底气也越来越足。

我至今记得有一场讨论得非常激烈的项目会，这场会议的主题是讨论如何让巧克力对新兴市场的消费者也有吸引力。根据尼尔森的调查报告，巧克力的消费和当地市场 GDP（国内生产总值）有关。由于我们的目标市场都还是“时机未到”的潜力客户，所以公司需要提前布局，先做好“打前站”的事情，这样等到这个市场的 GDP 达到一定指标，公司巧克力的销售就能顺势起飞。

这场讨论之所以激烈，是因为彼此的认知是非常不同的。我认为，一切行动的前提是真正理解当地消费者，而不是坐而论道，凭空“画”出战略。我在公司一直是做市场调研和消费者洞察的，虽然对于马来西亚、墨西哥、印度、印度尼西亚这些市场，我不能说有多么了解，但我知道公司在中国市场是怎么迈出第一步的。这些信息我认为对会议的讨论主题是有一定参考价值的，可那些来自英国、美国、澳大利亚的高管，虽然口头上同意要提前了解这些目标市场的情况，但实际上他们提出的思路仍然陷在他们自己熟悉的发达国家的市场操作模式中。

整整四个小时，我摆事实讲道理，用中国市场和中国消费者的视角去“共情”目标市场，终于在一些项目上说服了他们，拿下了我想要的“第一局”。那天走出会议室，我第一次感受到自己“力拔山兮”的气场。我也很清楚身上这套剪裁得体的套装的确带给我一些底气，但我今天的“气场”绝不仅仅来自它，更多的是来自我内心的力量感和确定性。

不过直到今天，我仍然保持着一个习惯——在每一个重大时刻，我仍然会选择一件提气的“战袍”。因为它会提醒我，我就是一个非常专业非常优秀的职场人。心理学上有个词叫作“神经可塑性”，就是说你认为自己是什么样的人，不断暗示自己是什么样的人，持续向外界展示你是什么样的人，你最终就会成为什么样的人。就像演员一样，当他真的相信自己可以完美“扮演”这个角色时，才能最终“成为”这个角色。

在茶水间“隐身”失败的“吃货”

有个不成文的说法，看一个外企的好坏，观察茶水间就知道。但凡茶水饮料一应俱全的，就说明这家公司盈利不错，毕竟公司只有赚钱了，才舍得在员工福利上投资。

我们国内公司的茶水间就有丰盛的美食。而迪拜分公司的员工福利更夸张，茶水间各种冰激凌、曲奇饼干和新鲜水果源源不断。但你们能想到吗？像我这样的“吃货”，迪拜的茶水间差点成了让我最煎熬的地方。

只想做个安静的“吃货”

迪拜分公司的同事来自全球各地，而且今天来一个明天走一个，流动性很高，同事之间第一次打照面经常是在茶水间，所以茶水间很自然就成为大家寒暄的场所。原本我只想在那里泡杯咖啡，抓把零食，但实际上每次我都没法“丝滑”地飘去飘回，因为不断有同事特别热情地和我打招呼，然后关切地抛出一堆问题：“昨晚过得怎么样啊？”“来这边一周适应了吗？”……

每次遇到这些突如其来的问题，我的脑子都是一片空白，然后只能费力地憋出“挺好挺好”几个字，就慌忙逃窜，让场面无比尴尬。短短一两分钟，却让我感觉煎熬难挨。到后来，我连喝口水都像在进行“地下工作”一样。我得先在工位上偷偷张望，确保茶水间此刻没有人，然后迅速起身，目不斜视地径直走进茶水间。但凡中途看到有其他同事过去，我都会立马调头，假装若无其事地坐回工位上。

是不是感觉很好笑？虽然今天的我想告诉你们，一个人到新环境不喜欢社交，不一定是坏事，也并不一定需要改变，毕竟让自己更开心自在地生活才是最重要的，但必须承认，当时的我其实很介意自己的“格格不入”。

“看见”生活的灵魂才更有趣

茶水间的闲聊困境，困扰我到什么程度呢？这个问题有一天出现在我的工作汇报中。你们能想象这个画面吗？我的上司 Lynn 听完愣了几秒，然后大笑起来。她说这就是 small talk（闲扯）呀，我如果不喜欢聊天，那就不用硬着头皮去聊，这并不是什么大事。

可是，我真的做不到“若无其事”。和大多数人一样，我还是需要通过融入集体来获得更多的安全感。那怎么解决这个问题呢？作为一贯的好学生，我的韧劲又上来了——不会就学，不行就练。

我和先生约定，每天晚饭后用英语分享这一天的经历。比如，今天各自做什么了？遇到了什么开心或者糟心的事情？可能这些话题在很多人看来就是家常对话，但对我们还真不是。我和先生很少有这样的闲聊，我们之间的谈话大多都是围绕着公司、团队或者自己的职业规划。

虽然一开始我是带着功利性目的去刻意记忆日常生活的片段，但一段时间之后，一直在职业发展的路上高速奔跑的我，才突然发现以前的自己其实很少“看见”生活。

慢慢地，我可以大大方方地去茶水间了，也可以从容地加入闲聊了：我去了一个特别棒的餐厅吃饭；我昨天逛街买了一件新衣服；我新买的口红可太糟糕了；我发现家旁边有个很美丽的小公园，现在正值秋天，银杏树的叶子都黄了，特别美。而我也从这些闲聊中，发现很多同事都有着有趣的灵魂：工作时一脸严肃的工程师却喜欢玩摇滚；打扮时髦的市场部经理最喜欢的是做各种超级好吃的小蛋糕；还有人喜欢饲养各种奇怪的小虫子，只要你敢听，他可以给你科普三天三夜。

我第一次问自己，除了学习和工作，我在生活中的兴趣是什么？幸运的是，最后我还真找到了两个小兴趣：学跳萨尔萨舞和学搭模型。

从“逃离”茶水间到享受闲聊的这个过程，我也积累了一点点小技巧，如果你也遇到过这样的困境，希望下面的方法对你有帮助：

（1）多使用开放性问题，而不是对方只能回答“是”或者“不是”的问题。比如，多用“怎么样”“如何”来提问。

（2）多使用跟进式问题。比如，当你夸对方的衣服好看，可以跟进问一下她的日常穿衣风格，有没有穿衣偶像，这样就能把聊天深入下去。

（3）别怕主动结束话题就会陷入尴尬。寒暄之所以“小”，就是因为随时随地可以结束对话。如果觉得猛然结束话题有点生硬，可以找些话来过渡。比如，一会儿我要去干什么，或者等你做完某件事情一定要和我分享，等等，这样闲聊就可以相当自然地走向终结了。

从体育差生到马拉松跑者

我先生的老板 Andy（安迪）是一家世界顶级公司的前高管，除了有个无比强大的大脑，他还疯狂热爱跑步和“撸铁”，所以他们部门的团建活动不是早上 6 点一起晨练，就是一起报名参加跑步比赛甚至铁人三项。我人生中第一次长跑，就是作为员工家属“被迫”加入他们的一次团建。

出国第一年，我先生突然通知我，他们部门准备邀请家属一起去美国中部的一个小城镇团建，“顺便”报名当地的一个十公里慈善跑。本来能去一个新城市游玩，我还很兴奋，没想到先生告诉我，这次慈善跑活动家属也要参加。我顿时黑了脸。从小到大，我的八百米测试就没及格过。因为体育不好，我的学生生涯从来没拿过“三好学生”。

但我也知道作为刚加入国外分部的新人，的确需要通过这些活动来融入集体。我们只好互相打气说，硬着头皮上吧，实在跑不动，总能走下来吧。那天晚上，我们还认真算了下走完十公里需要的时间。一周后，我们拿到了报名确认书，才发现闹了个大乌龙——这次慈善跑全程不是十公里，而是十英里，也就是十六公里。

好嘛，这一下子又多出来六公里，这可怎么办？我们盘算着得做个跑步急训了，临时抱佛脚总比什么都不做要好一些。我们住所旁边有个很大的农场，下班后，从小体育不及格的我和毕业后就没运动过的先生开始在那里跑步。

训练的第一天，没跑几步我就开始呼吸急促，喉咙干哑，心率飞速飙升，只能跑几步就走一段。即便这样走走停停，我们还是很快就汗流浃背。我和先生心想，累成这样，估计至少已经走了三公里的路程。然后我们给自己找了个台阶，第一天运动不能太猛，要不今天就到这里吧。结果先生打开手机地图一看，我们俩这么痛苦，实际上才跑了一公里多一点儿！于是，我们第一天的跑步训练就这样仓促又悲催地结束了。

回家洗完澡，我就瘫到床上了。没想到我先生好像还很有精神的样子，在电脑面前倒腾许久，然后递给我一张表格。我一看，竟然是一份相当正式的零基础跑步训练计划。我先生真不愧是做咨询管理的人才，思维模式永远是在寻找解决方案。他认为导致我们今天跑步状态不佳的一个重要原因，是我们没有实施科学的训练计划。所以他结合网上各种训练模式，量身定做了一份倒计时的训练计划。

或许因为我们都是目标导向性的人，只要目标确定，我们其实很享受一步一步接近目标的过程。前两周的跑步训练计划完成得很辛苦，每天起床都感觉浑身酸痛，好像被人重重殴打过。我们不停问自己，为什么要遭这个罪。但每当完成规定的跑量，狠狠划掉表格上的当日计划时，我们又觉得自己很酷。当训练计划完成过半后，我们也从跑跑走走的阶段顺利进入到全程长跑的阶段，而且再没有那种心脏急促跳动，以至于要蹦出来的感觉。

就这样，到了正式慈善跑的那一天，我们完成了人生第一次十六公里的长跑，尽管当我和先生跑完全程时，其他同事早已坐在小院里喝着啤酒，热聊起来了。

不可思议的是，慈善跑结束后，我竟然开始怀念每天跑步的日子，要知道以前的我是能坐着绝不站着，能躺着绝不坐着。为什么会爱上跑步？大概是因为跑步让我有种很确定的力量感。迈出的每一步，都让我感受到自己的状态在一点儿一点儿改变，体会到向既定目标前进的确定感。而每当完成目标跑量时，我真的会为自己骄傲，这种感觉会让人上瘾。

当然，跑步只是让我打开了一个新天地，从此我的生活与运动密不可分。后来我逐渐解锁了更多的运动方式。我至今记得第一次参加马拉松的经历。最后五公里，我的腿像灌了铅似的。我不停对自己说，再跑二十步我就停下来。于是，一个二十步，再接着一个二十步，最终我以四小时四十五分钟的成绩完成了人生中的第一次马拉松比赛，超过了同年龄段一大半的女性参赛选手，排名在前百分之四十五。

跑到终点的那一刻，我心里只有一个念头：从今往后，人生再也不会有我跨不过去的坎！

我的理财“两件套”

我和先生全球轮岗时期，住的房子是公司租的，车子也是公司提供的。除了工资之外，我们还能拿到公司按照当地居民平均水平支付的生活费补贴，只要我们不是天天在外面吃大餐，这份生活费补贴根本用不完。这样算下来，你们会不会以为在很多年前我们就已经攒下厚实的家底了？并没有！而且我们几乎是零存款。

如果你问我钱花到哪里了，我还真说不上来。可能因为那时挣钱不费力，所以花钱不算计。有一次和澳大利亚老板 Lynn 热聊到一双新品高跟鞋，我无意中泄露了自己丰富的鞋包柜和“零贯”的家底，让 Lynn 极为震惊，我自己倒是很不以为意：又不是老一辈需要可丁可卯地花钱，一分一厘地攒钱，现在的年轻人不都是这样今朝有酒今朝醉吗？

现在回想起来，当时我的“不以为意”正是缺乏财商教育的结果。庆幸的是，我认真听完了 Lynn 的理财观，而她的很多理念后来潜移默化地影响了我。

Lynn 教给我的理财第一课，就是我们必须分清“需要”和“想要”。她说买奢侈品没问题，但我们要清楚地知道那个不是“必需品”。人必须先满足自己的日常开销，有余钱了再去满足欲望。但我们也不能只满足“基本需求”，这样活着其实也不快乐。毕竟钱只是工具，花得开心也是赚钱的目的之一。所以我们可以把收入的三分之一用于日常开支，三分之一用来消费，做一个平衡。

Lynn 教给我的理财第二课，是赚多赚少都需要存钱，存钱就是最好的理财。这和我当时的观点截然不同，我在很长时间里都是想怎么花就怎么花。既然基金和炒股充满不确定性，存钱利息又那么低，用钱去买一些让我当下就很快乐的东西，不比把钱放在账户里死气沉沉地待着强多了吗？

但 Lynn 告诉我，她在工作三年后就买下了自己的第一套房。要知道，她那时也只是职场新人，拿的不过是初级薪水。但就是这三年的积蓄，让她付清了房子的首付。这个故事很平淡，但她告诫我的一段话却让我很受触动。她说，人总是低估时间复利的力量。如果一个人从年轻时就养成储蓄的习惯，他一定会在某个时间点享受到积少成多的快乐。

实际上，启动存钱计划的第一年我就感受到了这种快乐。本来想着一个月存这么一点儿钱能有什么用呢，但是年底一看总额，竟然让我有种自己是“小富婆”的错觉。如果你们知道我后来的故事，女儿早产，当了全职妈妈，就会更明白这些“储备金”对我人生的重要性。所以，当我经历过波折后越发明白，所谓“理财”不是为了发财，而是拥有了“可见”的安全感；这不是克扣自己，而是让自己在物欲层面能够自洽且很快乐。

那些在路上的收获

全球轮岗时期，我走过了四大洲，去过了几十个国家，接触到了全新的环境，认识了不一样的人群。一个人往往会通过身边的环境和他人来看清自己，而那些在路上的日子，也让我看见了不同的自己。

2012 年到 2014 年之间，因为要帮助印度公司建立巧克力新兴市场战略，我需要频繁出差印度。第一次去印度前，团队的一位英国同事一个劲儿地提醒大家，在印度只能喝瓶装水，不然会拉肚子。我和他们开玩笑说，没事的，我的胃“百毒不侵”。

我至今记得去当地第一家住户采访的情景。被采访者是新德里的一个中产阶级家庭，但当我们推门进屋后，被屋里简陋的陈设震惊了。这个房子只有一间屋，里面就摆着一张大床，连桌椅都没有。

被采访的一家有四口人，再加上我们这一群人，原本不大的房屋显得更加拥挤。但主人很热情，招呼我们随便坐。我们都不好意思坐在床上面，最后他们全家坐在床上，我们席地而坐，和他们聊起了家常。

那天我担任的角色类似主持人，和对方聊了很多话题。让我印象最深的是，他们家每个人的眼睛里都透出幸福的光亮。我问他们每天什么时候最开心，男主人说他下班后和家人一起吃饭聊天，彼此分享这一天经历的时候最开心。七岁的女孩也说，全家在一起的日子就是最开心的日子。女主人告诉我们，他们很感恩，因为一家人可以平平安安地在一起，每天有食物吃，大人有工作，孩子能上学。

他们的这些表述转换成文字，大家可能会觉得很平淡，有点像俗气的“心灵鸡汤”。但我们在场的每个人，真的都被他们的回答打动了。因为他们说话时脸上洋溢的笑容，看向彼此的眼神里的关心和依恋，骗不了人。

我很感谢这次印度之行，也经常会回想起那一家人的笑容。因为它提醒我，幸福对于每个人来说也许有不同定义，但真正能滋养我们内心的，是那些能让我们想起来就情不自禁嘴角上扬，眼睛里透出幸福光亮的东西。

在经历了各种意外和波折后，我也越来越确定我这一生需要寻找的幸福得由自己来定义，而不能执着于外界追捧的“幸福”标准。我也越来越清楚地意识到，与其说幸福是一种状态，不如说是一种能力。有了这个能力，即便是在最黑暗的时刻，我们也可以获取幸福的亮光。

另外一个路上的故事来自阿根廷。因为工作机会，我在布宜诺斯艾利斯待了一段时间。这个城市很有意思，午饭吃得晚，晚饭吃得就更晚，晚上 10 点餐厅才开始陆续营业。

让我印象最深刻的是这座城市的公墓。对，你没有看错，是公墓。这个城市在市中心划了一块面积很大的土地，建立了一个公共墓地。当地的同事推荐我一定要去看，说这个墓地是世界最著名的墓地之一。说实话，一开始我内心是有点抗拒的，毕竟从中国人的文化来看，墓地并不是什么吉利的地方，更不可能是旅行散心的打卡地。但是在他们每个人为我特意写的旅行攻略中，几乎都列有这个墓地。

于是，我找了一个阳光灿烂的周末去了这个著名的墓地。墓地很大，而且每个家族的墓地都会有自己的独特风格，很多墓地修建得像艺术品一样。很多大家族中逝去的人都葬在这里，包括我们熟知的阿根廷“永不凋谢的玫瑰”——贝隆夫人。

这个墓园静谧、优美，人走在这里，心真的可以完全静下来。我沉浸在一个个家族的人生故事里，一时竟然忘记了自己身处何处。我惊叹这里弥漫的浪漫和忧伤，同时也产生了一个疑问：为什么要花那么多人力、财力和精力去建造这样的墓地呢？

第二天我向一位阿根廷同事提出这个问题。他和我说，阿根廷人是会庆祝死亡的。因为他们认为，如果一个人这一生没有虚度，一直在做好事，做有意义的事，那么等到生命终结的时候，这个人应该不会有遗憾，而他的家人也会为他的这一生感到自豪。这就是为什么阿根廷人会隆重庆祝死亡，会重视墓地。

说实话，虽然阿根廷人对待死亡的态度触动了我，但当时的我还太年轻，还在憧憬着未来，所以我的内心深处还不能完全理解庆祝死亡这件事。直到多年以后，我才慢慢开始理解，面对死亡的态度其实是人生观的重要组成部分。我们接受生命的开始，也要学着直面生命的结束，这样面对生命的无常，我们才能做到真正无惧。

读到这里，我想邀请你们和我一起为自己预想一下“葬礼”。想象着终有一天离开这个世界，你希望大家如何讲述你的人生，也许这会让你更清楚地看见自己的人生目标。

第五章 一个早产儿妈妈的傻傻坚持

同样的事情为什么我能折腾出看上去“很厉害”的结果，并非因为我和其他人的能力有多大的差别，只是有时候我比有的人多坚持了一下，比有的人更用心一点儿而已。

女儿小 D 早产的故事，我已经讲过很多次了。这也是我人生中的一个重大转折。假如不是为了陪她“打怪升级”，假如不是想在至暗时刻找寻一个倾诉的地方，我不会开始创建公众号写文章，不会成为今天的大 J。

小 D 康复后的最初几年，即便我很确定她已经是个很健康的孩子了，但每次讲到小 D 的故事，我仍然会心惊胆战，生怕会突然出现一双大手，把我和女儿再次拉回那段最可怕的日子里。每个妈妈在养育孩子的路上，都会遇到这样或者那样让自己恐惧的困境。即便我们会害怕，会哭泣，我们都会鼓起勇气，想尽办法走出困境。

小 D 来到身边的这一年

如果一切顺利，生完女儿我们就会搬到印度，而我会晋升成当地的市场部总监。然而上天就这样给我开了一个玩笑，一直到现在我都无法完全平静地讲述这段故事。

一百一十五天的生死闯关

2014 年春天的一个早上，我起床时发现有一点儿见红，诊所的妇科医生检查后觉得问题不大，不过还是建议我们去医院挂个水。在去医院的路上，我和先生还一路说笑，完全不知道后面将要发生什么。

在医院才待了十分钟，我的身边就陆陆续续出现了十名医护人员，其中一位最年长的医生神色凝重地告诉我们，孩子在肚子里很危险，需要马上进行剖宫产。事发突然，我就这样被匆忙推入了手术室。二十分钟后，我们的女儿小 D，一个二十八周的早产儿就这样着急地来到了这个世界。但我们连一眼都没看到，甚至连她的哭声也没听到，她就被紧急送入了新生儿重症病房——两斤不到的她由于病毒感染，出生时非常虚弱，没有呼吸，心脏、肺部都发育不良。

手术后的那天下午，小 D 的主治医生过来和我们说，他们不怕孩子早产，最怕的是早产儿感染。而小 D 没出生时已经和病毒抗争很久了，如果不是她自己发出这么强烈的求救信号，她应该是来不了这个世界的。

医生暗示我们那天晚上可以尽早去看看她，因为这有可能会是我们相见的最后一面。没想到，第一个晚上小 D 挺过来了。整整一夜，两名儿科医生轮流值班，站在她的暖箱旁眼睛都不敢眨，不停给她打氧气做复苏。

一周以后，小 D 的生理体征慢慢稳定下来。我们刚要松一口气，医生却又带来了一个更坏的消息——小 D 的左右脑分别出现最高级别的出血。医生说，他们无法确定这样严重的脑部损伤意味着什么，但可以肯定的是，这个孩子将来极有可能会面临身体残疾或者智力低下的风险。

医生非常严肃地询问我们是否要放弃这个孩子。我和先生没有一丝犹豫地回答绝不放弃。看到我们的态度这么坚定，医生向我们承诺，他们一定会全力以赴治疗我的女儿。

于是，小 D 在医院待了一百一十五天。在这一百一十五天里，她做了肠道穿孔手术，闯过了呼吸关、心脏关、眼睛关和喂养关等诸多难关。她就这么变成了医院的“钉子户”和“大姐大”，而我和先生则成了医院的编外“志愿者”，能给刚住院的早产儿家长分享医学知识和心路历程了。

她不是奇迹宝宝，她是小战士

当这个孩子在医院奋斗了一百一十五天，终于出院后，我们以为一切会慢慢好起来，可事实并非如此。

孩子有严重的胃食管反流，最严重的时候什么药都没用。对很多新生儿和新手妈妈都再正常不过的喂奶，无论对小D还是对我们来说，却是很大的折磨。每次喂奶，小D都会无休止地哭泣，而我们需要一边轻声安抚她，一边寻找机会把奶喂进去，这中间还需要不停给她替换因为吐奶弄脏的衣服。每次喂奶折腾下来，至少要一个半小时的时间，这对我和先生的耐心都是极大的考验。最严重的时候，小D甚至抗拒喝奶，一天内自己主动吞咽的奶水只有一百毫升。而正常的同月龄孩子一次喝奶量就超过一百毫升，一天喝奶量能达到七百到九百毫升。我们怕她脱水，只能像喂小猫崽一样，用小针筒每次一毫升一毫升地打进嘴里。

我们那时都叫她“小熊猫”，因为她真的和熊猫宝宝一样，需要二十四小时不分昼夜地监护和照料。又过了近一百天，这个在过去六个月里每次喂奶都要撕心裂肺哭闹的宝宝，终于第一次在喝奶喝到一半时开心地朝我笑了，而且这一天她自己主动喝了将近九百毫升的奶。

除了“喝奶困难”，头几个月的小D还面临“运动困难”的问题。大家都知道一句话：三抬四翻六会坐，七滚八爬周会走。但是对于小D，我们却只能慢慢等待。由于脑部损伤严重，小D的上肢肌张力低下，三个月的她根本无法抬头，而且全身绵软无力。于是小小的她，每天都需要做康复。幸运的是，我们遇到了几位非常好的康复师，她们和小D非常投缘，小D也很喜欢她们。

虽然康复过程不可能轻松，但即便小D哭得稀里哗啦，也会按她们的要求完成训练。不去医院康复的时候，小D在家也没闲着，我们会按照康复计划让她抓紧练习。慢慢地，小D可以抬头了，会翻身了，会爬了。

别看孩子这么小，但是每当她学会一个技能，我们总能从她脸上看到自豪的表情。有时一个动作需要特别辛苦才能完成，她刚想撇嘴哭，我和康复师就会为她鼓掌，对她说她很棒，她马上就咧嘴笑了。真是从小就喜欢听表扬的娃啊！

曾经的脑出血导致小D不仅有脑积水，小脑还有个囊肿。小D出院后，我们会定期带着她去脑外科做检查，但是我和先生都特别不喜欢这位脑外科医生，因为他每次看也不看核磁共振结果，就以一种毋庸置疑的语气得出结论。他坚持认为，以他几十年的从医经验，小D这种情况百分之九十五都要做手术，现在的问题只是手术大小，是开颅切除囊肿还是装脑部导管。

但是当小D长到十一个月时，这位脑外科医生看到核磁共振片子，难以置信地说，从最新的核磁共振结果看，小D的脑部已经朝好的方向发展了。医生盯着小D看了很久还是不敢相信，决定亲自检查她的运动发展情况。结果小D刚被放到检查床上，就自己翻了个身，还把小胳膊撑起来，头抬得高高地看着医生。这位医生终于相信了小D的"战绩"，笑着对她说："所以你是要向我证明我之前的结论是错误的，对吗？"

小D出院时，好多医生、护士说她是个奇迹，因为他们没想到她真的能闯过这么多难关，而且能这么快就出院。后来我们去医院做随访，医生和康复师也对我们说，小D是个奇迹，他们没想到脑部出血这么严重的宝宝，肌张力竟然在慢慢恢复，而且她对人和外面的世界会那么好奇。

我一直不觉得那是奇迹。所有的一切，都是这个小生命自己一步一步拼命争取来的。我的早产女儿小D，她是个战士！

“不顺”，原来才是常态

一直到现在，还有很多朋友会问我们：那个时候你们不害怕吗？害怕啊，怎么会不害怕呢？在很长一段时间里，只要手机响起，我就会心跳加速，跨进新生儿重症监护室的腿永远是软的，还没见到主治医生，我就已经泪流满面。

小 D 在纽约出生，那边有个不成文的规定，在给孩子申报出生证明之前，孩子随妈妈姓，相关文件也都必须由孩子妈妈签字。因此，小 D 住院期间的名字就是 baby Wang，而所有的医院文件必须由我来签字。

那时医院每十二小时倒班一次，所以我们的时间不是按照一天二十四小时来计算，而是按照十二个小时来换算。如果十二个小时内手机没响，那就说明小 D 又平安地度过了她人生的一个十二小时。

但我们几乎没有度过一个平静的十二小时。每一个十二小时内都会有各种突发的电话。也许是清晨，也许是半夜，上一个电话可能是通知我们小 D 血氧饱和度不行了，下一个电话则可能是通知我们小 D 肠道排查出了问题；这一个电话可能是让我立马到医院签手术知情书，另一个电话可能就是通知我们去签病危通知单。

虽然当时的文件是我签字的，但其实决定都是先生做的。我人生中做过的最勇敢的决定，就是不放弃小 D。除了这个“不放弃”的决定很坚定，我的内心充满恐慌。我必须坦陈，在那个时候，任何所谓的情绪管理方法，对我都是不起效果的。小 D 身体每出现一种变故，我除了越发感觉痛苦，实际上什么都做不了。正好相反，先生在小 D 整个住院期间都无比冷静。

后来再回忆这段经历，我发现我和先生面对极度恐惧时的反应是完全不同的。这大概和我们不同的成长经历有关。我从小到大都很顺遂，也没经历过任何家庭变故，小D的早产可以说是我人生最大的低谷。而先生在高中的时候就经历过妈妈的去世，那是他一辈子无法抹去的痛。

在我只会以泪洗面的日子里，他已经在考虑很多事情。紧急剖宫产后，他想到是否应该先回家把婴儿床等新生儿用品处理掉，以免我出院回到家更加伤心；他甚至开始筹划，万一小D无法度过第一晚，我们如何办理她的后事，是否邀请国内的老人来纽约，等等。

当然，先生的这些想法很长时间之后才和我提起。他说他曾有种感觉，是他的妈妈在冥冥之中以另外一种方式帮他沉着应对女儿的早产。也是从那天开始，我看人生的视角突然多了一面：也许“无常”才是人生的常态。因为我之前的人生太顺了，以至于我想当然地认为，“顺”才是天经地义、理所当然的。

对人生认知的转变对我来说太重要了。记得小D出生的第一周，她的情况可以说是医院上上下下当时关注的头等大事。妇产科的医生们每天都会来看望我，每个人都会强调我没做错任何事，只是运气不太好而已。但是我控制不住地问自己，为什么运气不太好的人偏偏是我？有很长一段时间，我都仿佛被困在这个问题里。而现在，我的不甘心仿佛一下子都释然了。我不再觉得那些习以为常的“拥有”都是应得的。

实际上，再回头去看当时的一切，回想这个小生命与天斗的过程，我甚至对命运是感恩的——其实我们还是幸运的。如果小D那天没有发出求救信号，我们第二天按计划去别的城市度假而延误了就诊，可能她就不会来到这个世界；如果当初没有选这位会说中文的中国台湾医生，小D也许就不会住到这里最好的新生儿科，遇到那么多优秀的医生护士；如果没有遇到那么多优秀的康复师，小D的进步也不会那么明显。连一个人的呼吸和心跳也不是理所应当就该存在的，所以活着本身就是一件多么美好的事情！

承认不顺才是人生常态，这个心态对我的影响延续到创业之后。无论遇到多少困难和挑战，我都不再守着“为什么是我”这个问题反复追问。我能做的，就是坦然去接受这个或者那个“不顺”。好好应对所有的“不顺”，总会度过当下的“不顺”，不是吗？

康复过程，再漫长也要相信有亮光

有人说，人生是一场马拉松，可能对于早产儿的父母来说，他们的人生更是如此。对于孩子刚出生就被送进新生儿重症监护室的父母，他们可能和我一样都有过类似的想法：熬到孩子出院，一切就会好起来。可是真的等到孩子出院了，父母才发现，最难的日子才刚刚开始。

我可以推你去看世界

小 D 闯过生死关后，她的病情在慢慢好转，但是自由行走对她来说却是一个奢侈的梦想。我不由自主地开始关注街上那些坐轮椅的人。说来奇怪，直到这时，我才突然发现街上坐轮椅的路人有那么多。

有一天，我看到一个非常漂亮的年轻女孩，她只有一条腿，但丝毫没有影响她的状态。她妆容精致，穿戴得体。最让我难忘的是，当我本能地为她挡了一下电梯门，她回头向我微笑表示感谢。我一辈子都不会忘记那个笑容，因为它让人感觉到特别幸福和温暖。

那天以后，我对先生说，我已经准备好以后推着轮椅带小 D 去看世界了。人就是这么奇怪，当我想到了最差的结局，反而能静下心来读了很多关于新生儿喂养、早产儿康复的书。

无论命运轨迹改变的那一刻我们是多么慌乱，我们都应该逐渐调整好心态。小D出生后的这一年，我们很清楚，沉下心来走好小D康复过程中的每一步，才是我们需要做好也必须做好的事情。

我的超级新项目

因为小D左右大脑的出血都是最高级别的，我们找到美国几位最好的脑神经科专家给小D诊治，但没有任何一位医生能打包票治好小D。所有医生的诊断结论几乎是一样的：这孩子未来有百分之九十的可能性会坐轮椅或者智力低下。他们能给出的最好建议就是尽早带小D做康复训练，也许能降低这百分之九十的可能性。

我和先生快速做出决定：他继续工作挣钱，而我暂时撤出职场，做一位全职妈妈，专心带小D康复。小D的康复训练相当繁重。我一周需要带她做十三次的康复训练，以及一周三次的各项专科医生随访。为了让小D的各项康复训练顺利进行，我把养育这个孩子当成一个复杂项目一样来管理。我从来也不曾想过，职场上学到的东西竟然可以用在女儿的康复上，并且能让我用更有效的方式推进女儿的康复。那我是怎样管理女儿的康复呢？

在公司工作九年，我有一半以上的时间是做全球市场调查的工作。而如今我的研究样本只有一个，那就是女儿小D。我每天都在观察这个不会说话的宝宝，细致记录下她的动作和性格，然后再和孩子的主治医生或者康复师交流我的观察结果。和医生会面的前一晚，我和先生还会提前开个会，把第二天要和医生讨论的问题列出来，有时甚至会用“问题树”把复杂问题理清楚。

不仅如此，每次康复师来之前，我要确保女儿都是醒着的、吃饱的状态，这样才能保证预约的时间不会被浪费，并且小 D 自己的心情也会比较好，从而使康复效果达到最大。而小 D 每次进行康复训练，我都会站在一边非常认真地观察康复师的做法，像做学习记录一样记下康复的细节，这样我可以在日常陪伴中融入这些康复干预活动。

如今我常常自嘲，自己可以算是半个儿科医生，半个脑外科医生，半个肠胃医生，半个大运动康复师，半个精细运动康复师，半个语言与喂养康复师，半个儿童认知训练师。有时看到一个孩子，通过他的行为动作和表情，我都会条件反射地想到他哪些方面正常，哪些方面超前，哪些方面落后。

傻傻地坚持就会看到亮光

陪伴孩子康复的过程，就好像是在走一段乌漆麻黑的地道，你不知道哪里是终点，你需要建立起无比强大的信念，让自己相信，只要坚持走下去，就一定能够看到亮光。

漫长却又仿佛毫无效果的康复过程，无疑是令人焦虑的。先生在小 D 住院时能够冷静做出各项决定，但在小 D 康复过程中他的心态却垮掉了好几次。小 D 在家进行康复训练两个半月后，我们第一次带她回医院随访，矫正月龄已经三个月的小 D，却丝毫没有能抬头的迹象。那是小 D 早产后，先生第一次掩饰不住难过的情绪。他追着医生问，小 D 康复的可能性到底有多大？这样的康复干预到底还要做多久？

其实我们心里都清楚，这些问题恐怕连神仙都不知道答案。

和先生相反，在小 D 的康复过程中，我一直比较平静，似乎我的眼泪在小 D 住院期间都已经流完了。我的骨子里向来有一股傻劲，只要有人告诉我一个目标，我就会埋头前进，不会时不时计较或者质疑为什么坚持那么久还没有回报。

以前先生总开玩笑说，我的这股傻劲是因为我脑子不聪明，想不到那么远，但后来他不得不承认，在小 D 的康复之路上，我的这股傻劲起了很大的作用。靠着这股傻劲，我埋头专注于小 D 每一天的康复训练，无暇顾及其他。我的想法很简单，眼下这个阶段我只需要关注小 D 的康复训练有没有做到位，至于有没有效果、会不会有效果我没有时间去想。在小 D 长达三年的康复训练中，我的这股傻劲让情绪几次濒临崩溃的先生重新平静下来。

三年后，小 D 摘掉了“脑瘫高危儿”的帽子，《纽约邮报》还称她是“医学奇迹宝宝”。这是个令人欢喜的结局。带着小 D 进行康复训练的一千多个日夜，教会我一个道理：我们一旦只盯着结果，就会患得患失，急功近利，但如果我们关注的是过程中自己能掌控的事情，那就会心无旁骛，无比坚定。

后来，我做自媒体创业，我出书、出镜，折腾出很多别人觉得“很厉害”的事情，但其实我每次折腾的缘由从来不是想要一个“成功的结果”，而是在那个当下就想做那件事情。而同样的事情为什么我能折腾出看上去“很厉害”的结果，并非因为我和其他人的能力有多大的差别，只是有时候我比有的人多坚持了一下，比有的人更用心一点儿而已。

情绪的出口，或许就是出路

很多人知道我们的故事后，都说太佩服我们了，他们没法想象在那么难的境地，我们是怎么走过来的。说实话，当我试着用一个陌生人的视角来看我们当年的故事，我也会觉得我们真的好厉害。但实际上，这个大家觉得很厉害的过程伴随了我太多的眼泪。

边哭边干事，哭完再干事

那时候我每天都在哭，白天哭，晚上哭，在无数个夜晚里都是枕着被泪水完全浸湿的枕头入睡的。这件事给我带来的伤痛有多大，大家都知道，所以所有人都默契地给予我放纵情绪的空间。没有人会和我说，我现在不能哭，我必须要去做点什么。

但哭归哭，我很明白有太多的事情还等着我去做：该喂的奶还得准时喂，该看的育儿书还得尽快看，该和医生沟通还得及时沟通。当时间一天一天过去，我也越来越清楚：哭，没用。但情绪的确需要有一个宣泄的出口，于是我们就给小 D 建了个博客，我每天在上面写日记，边写边哭，写完哭完再继续解决问题。

后来，很多同事和朋友知道了这个博客。于是，我们请大家寄明信片给小D，介绍他们自己，还有他们生活的城市。请求发出后，我们每天都会收到来自世界各地的明信片。有朋友从微信群里收集到来自国内二十多个城市的宝妈寄来的明信片，有朋友每出差到一个地方就会给小D寄一张明信片。还有更多的陌生人在明信片上写道，他们在每天餐前的祈祷中加进了对小D的祝福。在小D住院期间，真的多亏了这些明信片，我才能度过那些几近崩溃的日子。我会在她的床边整理明信片，为她读来自世界各地的祝福。

后来我常常反思，我们是不是一说到负面情绪，立马就觉得必须"好好管理"它。但结果往往是我们花费了太多的气力去控制负面情绪，让自己不掉泪，少发泄，以至于没有精力来处理眼前真正重要的事了。其实，我们可以哭，边哭边干事，或者哭完再干事，又有什么不可以呢？

情绪日记，我的公众号前身

坦白地说，带着小D进行康复训练的初期，我也会经常焦虑，因为没有任何一位医生可以预测：这样的治疗是不是可以让小D活下去？这样的康复训练是不是可以让小D自主行走？这样的干预方案是不是可以保证小D的智商没问题？

有一天在和负责小D的儿科主任见面后，我的焦虑达到了顶峰。那天晚上我失眠了，我控制不住地胡思乱想，越想越害怕，越想越睡不着。理智告诉我要赶紧刹车，但越是知道不应该多想，脑子里翻腾的各种假想就越多。

我索性起床，走到书桌前打开电脑。当时的我只是想把自己的担忧一条一条记录下来，这样第二天可以条理清晰地和医生沟通。但当我把所有令我心绪不宁的想法都用键盘敲打出来后，神奇的事情发生了——我似乎没有那么焦虑了。

当我从头到尾浏览这些记录时，自己仿佛成了一个旁观者，在感受一个陌生人内心深处的情绪。而这个视角让我可以重新评估这些记录——原来有些事情是自己可以用行动来改变的。关上电脑后，我睡得出奇地好。

从这之后，我把“书写”当成救命稻草一样紧紧地抓住。每当有什么事情让我感到焦虑或者害怕，我都会第一时间打开电脑或者手机备忘录，把它们记录下来。虽然在有些事情上我的确无能为力，但不知道为什么，写下这些事情，我至少多了一点点面对它们的勇气。

再后来，我的这些日记变成了网上的一篇篇文章，我从一个陪伴早产女儿进行康复训练的全职妈妈，变成了一个以“写作”为生的育儿博主。要知道，我从小到大都不擅长写文章。即便现在我已经写了近十年的公众号文章，出了好几本书，文笔也依然算不上出彩。但我早已由衷地爱上写作，与读者分享我的所思所见，分享养娃心得和日常体验也早已成为我生活中密不可分的一部分……直到现在，我的情绪日记都没有中断过。

所以你们看，焦虑不一定是纯粹的、彻底的坏事。更何况，我们每个人的生活都无法彻底屏蔽那些让我们焦虑的事情，但是如果我们可以为焦虑的情绪找到一个合适的宣泄口，说不定还能蹚出一条新的出路。

第六章 娃在长大，我们在成长

其实要过好这一生，哪条路都是难的，而普通人最大的成功，就是“尽全力，不后悔”。

2015年，我在微信上注册了公众号“大J小D”，那时我最关注的事情就是女儿的吃喝拉撒，所以写的文章全都是围绕“怎么养娃”。当时的我从来没有想过，也完全不敢想象有一天会有几百万人看到这些文章，会有几百万读者成为我的粉丝，而我会收到那么多的留言、点赞和提问。

我既开心又惶恐地迎接着大家，希望自己能为每一个问题提供正确的答案，为此我更加拼命地学习育儿知识。但很快我就发现读者的问题太多了，我没法回答每一个问题，也不能保证我所提供的每一个答案都是对的。不过，有一天我突然意识到，在养娃的这场挑战中，无论妈妈们各自遇到的问题和难度有多么不同，可能都有一把“万能钥匙”——妈妈们永远别忘了要先爱自己。

成为全职妈妈的三年

我做了整整三年的全职妈妈，而且是没有家人和保姆帮忙的全职妈妈。

说实话，刚成为全职妈妈时，我的状态还不错。虽然我需要带小 D 进行密集的康复训练和复诊，还需要每天换十二块尿布，喂五次奶，挤六次奶，洗五个奶瓶，做三顿饭，带小 D 遛弯三次，哄睡四次，外加做各种家务，但我感觉这样的生活比在外企工作时要轻松，不会消耗我过多的脑力和精力。

现在回想起来，当时会有这样的错觉，还是因为我低估了自己停留在“全职妈妈”这个阶段的时长。虽然我并没有和先生正式聊过这件事情，但潜意识里我一直觉得只需要三四个月的时间，我就可以重新回归职场。当我意识到这样的日子还不知道持续多久时，我的心态不知不觉发生了变化，而“压垮”我（也可以说“成就”我）的是这样两件事情。

低体重早产儿的追赶没有其他特效药，就是多吃多睡，所以我特别重视小 D 的睡眠。小 D 因为神经系统发育慢，严重闹觉，白天的短觉基本都是我抱在怀里哄睡。有一次小 D 刚有睡意，我却突然想要上厕所，我坚定地选择忍住尿意，因为我知道一旦放下小D，她早上的小睡就意味着“毁”了。是的，我用了“毁”这个字，可见我当年有多重视小D的睡眠。如果家里有入睡时间短、入睡浅的孩子，妈妈们肯定更能明白我的这种执念。

于是，每次看到小D慢慢耷拉下来的眼皮，我就告诉自己，再忍十五分钟就去上厕所。但一个十五分钟又一个十五分钟过去了，小D就是迟迟不能进入深度睡眠。等她终于睡踏实了，我强忍着极度不适将她小心翼翼地放进摇篮，蹑手蹑脚地走出她的卧室，才大步冲向厕所，但还是来不及了——我尿裤子了。

我愣了几秒，巨大的羞耻感迎面袭来，我坐在马桶上哭得不能自已。但即便是这个时候，我都本能地咬着嘴唇，压抑着哭泣的音量，因为我不能吵醒小D。过了很久，我才缓过劲来。而我所能做的，就是擦干眼泪，换好裤子，清洁完地板上的尿液。然后我看了看墙上的钟表，告诉自己要开始准备小D睡醒后的辅食了。

如果那天只发生这件事，对我的冲击还不会那么大，我很快就把它当作“意外事件”来处理。但当天晚上又发生了另一件事：先生下班回家，进门看到一筐脏衣服（包括我那条尿脏的裤子），他脱口而出，怎么衣服都没洗？看我没有回答，他又抛出一句，这一天就带个孩子，有那么忙吗？

现在回想先生说的话，或许是出于无意，又或许是出于对我的关心。但那一刻我只觉得这些话是在质疑我的付出，这也让我反问自己：我这么辛苦地做着全职妈妈，价值到底在哪里？我承认那时候的自己是敏感脆弱的，但也正因为心里的不舒服，我开始思考一个问题：如果未来两三年，我要日复一日地面对这样一份烦琐却看似毫无产出的“工作”，我还能做点什么？

于是，在小 D 三个多月的时候，我意识到自己不能光“带娃”，我需要做点额外的事情。

一个全职妈妈的“重建”工程

因为有了这样的想法，所以当先生质疑我一天到晚都在忙什么的时候，我没有选择向先生发泄负面情绪。每当我有情绪的时候，我都会提醒自己，现在面临的境况是我自己当初的选择。我希望能帮助小D，我是自己选择做全职妈妈的。

从十八岁以后我就知道，长大就意味着要为自己的选择负责。

我也很清楚，一味地发泄情绪压根儿不会让事情变得更好，只会消耗我本来就有限的精力。于是，我继续全职带小D，但也默默地开始了自己的“重建”工程。我当时的想法很简单，我不甘心只是做好“全职妈妈”，我需要有余力去做一些其他事情。那么为了达成这个目标，我需要进行下面几个维度的重建：带娃的专业技能、身体/精力、头脑/认知、情绪/心态。

带娃的专业技能

想要有余力做更多事情，首先得从“本职工作”中优化出额外时间，因此我更加认真地对待学习育儿这件事。

我开始系统地学习早期儿童教育，定期梳理相关知识，优化带娃流程，提高带娃效率，我也开始记录自己在育儿实践中的心得，分享给更多的妈妈（这也是我公众号的雏形）。

当然，这意味着我不能有一点儿惰性，我需要时刻带着脑子来养育孩子：带娃琐事背后的本质是什么？下次再做同样的事情，我怎么可以做得更好？我要怎么去描述某一个方法，才能让其他的新手妈妈立即抓住精髓并且迅速上手？

就这样，比前三个月更忙的日子开始了。很多时候，梳理文字的工作都只能在半夜 12 点以后，或者早上 5 点之前进行，连我的学习笔记都带着浓浓的美式咖啡味道。但人就是这样，一旦确定知道自己“为什么”要这么做，好像也就没有什么理由叫苦叫累了，就会有无比巨大的动力去坚持。

身体 / 精力

一个人如果睡得少，工作强度高，身体肯定吃不消，所以我的“重建”计划的第二项就是“身体 / 精力”。那时候我学到的一个概念叫“能量小睡”，挺适合自己。既然无法增加晚上的睡眠时间，那我就利用这一天里可以休息的短暂间隙，哪怕只有二十分钟，不管睡得着还是睡不着，都是能养精蓄锐的机会。

带着娃怎么锻炼身体呢？我想了一个办法，把女儿的推车换成可以减震的型号，这样每次带小 D 出门逛街逛公园的时候，我就可以随时随地跑上一段。在那之前我一直觉得自己带着娃，肯定没时间也没合适的运动方式。但后来才发现，这就是个人优先级的排序，当我觉得锻炼这件事足够重要的时候，我总能找到解决方法。

头脑 / 认知

可能很多妈妈都会有“一孕傻三年”的感觉。生完小 D 后，我发现自己看大段的文字特别费劲，每个字都认识，但放在一起表达的意思我却看不懂了，而且经常是读了后面忘了前面。

要解决这个问题，没有什么灵丹妙药。我就使用“笨”方法，每天都会强制自己进行深度阅读，并且每次阅读都会做读书笔记。

刚成为新手妈妈的时候，我的书单里基本都是育儿书籍，建立新目标之后，我的书单慢慢开始拓展到和之前工作相关的内容。小 D 的养育没有那么艰难之后，我就制订了一份范围更广的兴趣书单，挤出更多的时间去看哲学、心理学、人物传记这几类书。

人的大脑真的是越用越好用。在这样的阅读强度下，我很快打破了“一孕傻三年”的魔咒，而且我学习的内容无论从广度还是深度来说，好像比孕前还升级了。这也让我意识到，很多事情只要我们想改变，就有可能做到。关键是我们到底有没有下决心去开始改变，哪怕步子小一点儿，速度慢一点儿，都没有关系。

情绪 / 心态

估计很多人看到这里要感慨了，这样的生活是不是也太苦了？怎么可以做到这么自律呢？说实话，那段日子我的确过得很辛苦，我也会时不时哭鼻子，也不止一次动过放弃的念头。但我会给自己设定阶段性目标，达成一个小目标就给自己一份小奖励，这样就可以有效地调节自己的情绪。

比如，我爱吃、爱美、爱追剧、爱搭乐高，我把做这些事情当成宠爱自己的时光。写文章写到很累的时候，就给自己点杯奶茶，点个蛋糕；读完一本书，就奖励自己一件漂亮衣服；忙碌了一周的家务琐事，周末趁先生在家带娃，我就沉浸地搭一个乐高模型或者追几集剧。当我们认真享受这片刻的轻松时，由此而来的幸福感可以消除身心的疲惫。

我必须承认，我的整个“重建”过程像是一段苦行僧的生活，但是，我的确很感激那时候的自己。这个世界上，从来就没有白走的路。从我被“压垮”的那一刻开始，我更快速地成长起来，最后成就了今天的我。

全职妈妈，也可以进退自如

做了九年的专业育儿博主，有很多人问过我，她们到底应不应该选择做一名全职妈妈。今天的我算是个创业妈妈，而我的创业也是起步于自己当全职妈妈的这段经历。即便如此，我仍然无法云淡风轻地建议一个人是否应该去做一名“全职妈妈”。

当我刚知道自己怀孕时，我曾和老板 Lynn 沟通过，向她表达了自己产后第二周就会回归的“事业心”。听到我一周就要回归的决心，Lynn 立即笑了，她对我说：“你生动展现了职场女性的一个困境，就是觉得自己‘无所不能’。我当然欢迎你一周后就回归。如果你希望能尽快回到职场，那么你需要勇敢地和家里人说出自己的想法，获得他们的支持。如果你抱着孩子的刹那，觉得更想先顾好家庭，我也完全理解。所以，你不用这么早就提前计划你有了孩子以后一定要怎样。你现在能做的，就是尽力把目前的工作和新的角色调试好。拥有选择的底气，这件事本身就足够厉害了。当你有一天真的做出选择，要记住你不用为放弃的选项自责。很多职场女性被压垮，恰恰是因为她们以为自己能兼顾和平衡所有选项。”

因为女儿早产，放在我面前的选项与我刚怀孕时的设想，几乎完全不同了，但我牢牢记住了 Lynn 的话。现在的媒体都爱宣传那些“工作和家庭、美貌和财富都能拥有”的女性，媒体的这种导向，能够给予我们女性多少力量，我不太清楚，但这种宣传无疑又扩大了我们的焦虑。可事实是，我们并不知道，在这些看似风光无限、事业家庭双丰收的女性背后，有谁在负重前行。

所以，在我们无法做出两者兼顾的选择时，不要首先自我质疑，认为是“我还不够努力”。我们要能坦然接纳“两头都兼顾，我们做不到”；我们能做的就是把“一次只顾一头”这件事做好。

不过，我想和大家分享的一点就是：当我们选择把重心放到家庭，就要放平心态，不要“眼馋”别人升职加薪，哪怕那个人看起来就算做到了“两者兼顾”，这也与我们无关。少一点儿患得患失，选择当下对你更重要的人生选项，忠于自己价值排序的选择就是最好的选择。不是某一个选择就比另一个选择更高贵，所以我们要学会尊重他人的选择。

其实要过好这一生，走哪条路都是难的，而普通人最大的成功，就是“尽全力，不后悔”。这也是为什么做全职妈妈的那三年，我很少向别人诉苦，毕竟这是我自己的选择。做出选择，并为这个选择负责，这就是最好的决定。

不过，有些妈妈可能和我一样，只是阶段性地选择全职妈妈的身份，所以我也想和大家分享我的几点体会。

经济独立是底线，也是底气

在前领导 Lynn 理财观的影响下，我每个月都会把月薪的一部分存进银行。所以怀小 D 之前，我已经有了一定的积蓄。说实话，在决定成为一名全职妈妈时，这笔资金给了我很大的底气。

我并不掌管家里的财政大权，但有了这笔不菲的积蓄，我依然可以想买什么就买什么。我甚至都算过了，哪怕我和先生最终会分道扬镳，我一个人带着女儿一样可以过上好日子。

当然，很少有人结婚是奔着离婚去的，但我们真的无法预见或者控制别人的想法和行为。我的身边就曾上演过很多出狗血剧，当年信誓旦旦的“我养你”，最后都变成了盛气凌人的“都是我养的你”。

所以不管是娘家有底气，还是自己有积蓄，成为妈妈的我们仍然需要拥有经济独立的底气。这一点说出来好像很俗，但很多时候却真的是我们的底线。

保持随时回归职场的状态

所谓“选择自由”，就是你可以选择做全职妈妈，也可以选择做职场妈妈。而不是当孩子大了自己想回归职场时却发现，已经没有选择的权利了。不可否认，如今的职场环境对于全职妈妈并不友好。暂时无法改变的大环境就意味着，我们每个个体需要加倍努力，保持状态。

我曾经是全职妈妈，现在算是个自由职业者，这两个都是看似有很多时间却高度考验自律的工种。孩子这个生物是可以无限地将我们的时间和精力碎片化的，但越是这样，我们越要保持警醒。

埋头做琐事时，一定要记得抬头看路。如果你的计划是孩子长大后，还要重返职场，那么就需要能够做到该学习的东西还得学习，该进修的内容也要继续，即使这意味着你要挤压自己的睡眠时间。

我是在小 D 一岁时开始写公众号文章的，她的每一段睡眠时间，就是我的学习时间。即便她只是睡个短暂的小觉，我也会利用这片刻的安静写几行字，读几页书。同时我还会抽时间阅读市场营销、消费者洞察这类书籍和相关的商业案例，请以前的同事和我分享资源。

我也深知，要想让这种高强度的生活持续下去，我必须有一个健康的身体。我开始规律运动，每天晚上都在客厅跳操，雷打不动。如果你问我累不累，当然累！如果你好奇我哪来的时间，我只能说自己想办法挤时间。如果你也正在烦恼就是看不进书怎么办，那也得硬着头皮去看，哪怕只能看进去一两行。

现在的我真的很感激当年的自己，因为那些看似苦行僧般的生活让我保持了“可以没工作，但不可以不思考”的习惯，也让我有了开启人生副本的底气。

发展自己的社交圈

我本身不是个热爱社交的人。说实话，最初做全职妈妈的时候，因为不用社交，我一度觉得挺轻松。每天接触的除了家人就是康复师，比起我当年的职场日子纯粹了很多。而我后来才意识到，人都是通过各种各样的社交圈来获得反馈，从而找到自己的价值感和归属感。

以前哪怕我再不喜欢某些社交，其实还是从中获得了自己的社会身份认同，比如某公司经理、某俱乐部会员、某人的好朋友等。而我也通过各种各样的社交圈或者这样那样的标签得到了很多反馈。

但当我只剩下“妈妈”这一个标签时，我就只能拼命抓住这唯一的身份标签，而这会让我无意识地将所有的压力给到自己或者孩子，因为我们总会试图从孩子的成长中去印证自己日复一日忙碌的意义。但是，怎么可能按照一时一刻去计算或者期待孩子的进步呢？

我想，这可能也是很多妈妈无尽焦虑的开始。

于是，我有意识地打破自己对于“全职妈妈”的简单理解，打破自己对所谓纯粹生活的依赖，我甚至有意识地避免自己把所有的注意力都集中到小 D 的进步中。从分享小 D 的养育过程，到倾听别人的故事，我一点点地走回到与他人的社交中。

有很多读者对我这一路的成长充满好奇。其实在我的成长轨迹中，各种社交圈就是我的贵人。比如，是同在一个早产群的医生妈妈，鼓励我发布了第一篇公众号文章。那位医生妈妈的孩子遇到了和小 D 差不多的问题，我就写了一篇文章给她。当知道我在坚持记录育儿笔记，她便强烈建议我建立自己的公众号，于是有了我的第一篇公众号文章。

再比如，当我和小 D 幼儿园的老师分享自己的育儿心得，希望自己能有更多机会应用学到的育儿知识时，幼儿园老师就热情地邀请我做她们的家长志愿者，让我所学的知识有了更多的实践机会。

而幼儿园的家长志愿者经历又让我发现，自己无比热爱早期儿童教育，这推动我踏上了进修早期儿童教育之路。你们看，这些都不是我需要花费额外时间去维护的关系（那时的我也没这个时间和精力），我唯一做的就是开始主动和一些人分享我的“希望”。

所以说，即便是全职妈妈，也可以发展自己的社交圈。拓展社交圈不是为了让我们获得什么即时利益，而是帮助我们走出家门，去看到比“厨房、客厅、卧室”更大的那个世界。

越没有退路，越要减少内耗

有个话题我觉得值得单独拿出来写一下。很多人看到这里，包括一直关注我的读者朋友们，都会觉得我是个特别强大的行动派，很少内耗。事实并不是这样。我是个高度敏感的人，非常容易动情，而且属于那种陷入情绪就很难出来，要很久才能平复心情的人。但年龄带来的馈赠就是，对自己多了几分觉察，所以会有一些应对负面情绪的策略。

我太清楚自己的情绪问题，包括情绪黑洞带来的影响，所以这些年我采用的应对方式就是先做完事，再处理情绪。小 D 两岁多的时候，先生在外地工作，周末才能回家。当时小 D 还需要进行康复训练，我当妈妈也还算不上得心应手，所以工作日从早到晚压根儿没有休息的时间。

要说没有抱怨，肯定是不可能的。但我不会在工作日吐槽，而是非常“准时”地在周末爆发。这并非是自己的刻意安排，但现在回想起来，好像是有章可循的。因为我很清楚自己的性格脾气，如果在工作日怨声载道，那我就会陷入“凭什么我要这么辛苦”的情绪里，不仅会影响我的心情，更会影响我的行动。

而现实是当时的我没有任何退路，哪怕我再不开心，哪怕我再不想干，我仍然需要一个人照顾小 D。既然工作日单独照顾小 D 是“必须”要做的事情，那怎么让自己做得开心点才是关键。而能让我开心的肯定不是抱怨，相反，抱怨只会让我更不开心。所以，我会在每天繁忙的日程中去找一些小乐子，买个冰激凌解馋，奖励自己一支漂亮的口红，每晚毫不吝啬地夸自己：我怎么这么厉害，一个人带娃又顺利度过一天。

等我的支持系统，也就是小 D 爸爸周末回到家，我该吐槽就吐槽，该发嗲就发嗲。现在想想，我也很感谢先生，他总能耐心地听完我所有的牢骚，时不时送我一份惊喜礼物，为我提供情绪价值。每个周末他也都会尽可能地多陪陪小 D，让我有独处的时光，回回血。

所以，如果要问我有什么防内耗秘诀，那我现在就可以告诉你，我并不要求情绪时刻稳定，而是会把“事情”和“情绪”分开，先处理事情，再安放情绪。无论是作为全职妈妈，还是创业者，这种应对情绪的模式对我的帮助都很大。人在成长过程中，都会有很多“不那么愉快”却又“必须要做”的事情。既然别无选择，那我们唯一可以控制的事情，就是如何让自己“尽可能愉快”地完成这件事情。

第七章 误打误撞地入行

我们有时候不要总想着去总结和照搬别人所谓的“成功”经验，那些可能只是别人当时“随便乱弄”的结果。而真正值得我们细究的，是从无到有的过程，和在这个过程中发生的故事。

迈入自媒体这一行，我其实完全就是误打误撞。

女儿早产的第一年，我一度把自己封闭起来。我关闭了微信朋友圈，几乎不回复别人的留言。那时候的自己，真的没有准备好要怎么来讲述这个故事，要如何来应对大家的关心。

小 D 一岁生日的前一周，我突然意识到，原来小 D 出院并不代表万事大吉，也许她的一生都将伴随着各种康复，而我也将要陪伴她、照顾她一辈子。可如果这就是我们将要面对的生活，难道我就这样封闭自己一辈子吗？决不可以！想到最坏的结果后，我反而冷静了——我必须重新回到正常生活中，我也必须帮助小 D 融入这个世界中。

“大J小D”的第一次出场

小D生日那天，我把我们的故事发在了微信朋友圈。这是我第一次完整地讲述我们这一年的经历，也是封闭一年后，我第一次出现在朋友们的视线中。这篇文章我也放在了这本书里，因为无论从任何角度来说，这一年对我而言都是人生的重大转折点。

《我们这一年》发出去的当天，我收到了很多很多朋友的留言、点赞和私信。而此时的我也不再排斥和抗拒别人的寒暄，我能感受到每一条留言下的温度，每一句问候中的善意。在我“消失”一年后，大家对我的牵挂和关爱并没有消失。

有好几位朋友问我，能不能转发这篇文章，因为她们觉得这个故事能带给大家力量。我当然同意了。此时的我还完全没有意识到，在这些转发中已经潜藏着我未来的路向。很快，一个微信公众号运营者通过一位朋友联系我，希望我能授权他们转发我的文章。

这是我第一次听到这个词“微信公众号”，也是第一次知道“微信公众号”是什么。

当我知道在公众号发表文章意味着什么时，我犹豫了。以我的文笔随手写的故事也可以发表吗？真的会有那么多人看到我的文章吗？我的文章值得那么多人去看吗？没有底气的我问了身边很多人，在得到他们一致的肯定后，我才有勇气答应这个公众号的邀请。

不过，想到会有很多陌生人从这个公众号上读到我们的故事，我便不想在文章里再使用真名，就随意把我和女儿的名字改成了大J和小D：我是Jessica，大大的Jessica；她是Dorothy（多萝西），小小的Dorothy。这也可以算是我后来的公众号名字的由来。坦白地说，但凡我能未卜先知，我肯定不会用“大J小D”这个名字：从传播的角度来说，这个名字算不上朗朗上口，在键盘上想敲出来还得切换两次输入法。对于一个公众号来说，这真不算是个好名字，但谁又能想到，在不久的将来我的公众号会成为自己无比热爱的事业呢。

可人生有时候就是这样啊，完全不知道命运会带我们走向哪里。

原来文字有力量

《我们这一年》被这个微信公众号转发后，后台铺天盖地的留言让我始料未及。这些留言里不仅仅有读者的祝福，还有很多读者表达他们的感谢。有年轻人，有中年人，有全职妈妈，也有职场人士，这些不同身份、在人生不同阶段陷入迷茫和困境的读者，竟然都从我们的故事里收获了力量。

这些留言让我在女儿早产后第一次有了这样的感受：原来我们不仅仅是需要帮助的人，也是可以给予别人力量的人。这个发现让我觉得特别开心。后来，很多公众号都在转载我们的故事，《我们这一年》这篇文章全网阅读量超过两亿人次。这件事也改变了我的认知。在外企工作时，我以为数据才是最有说服力的东西，但现在我真切地意识到，文字的力量比我想象的要大得多，不仅能给予自己力量，也能给予他人力量。

不过，即便在此时，我也压根儿没想过自己注册公众号。故事分享完了，封闭的朋友圈重新打开了，我们的生活仍然照旧，该干吗还是干吗。如果说我有什么变化，那就是随着笔下的文章一篇一篇多了起来，我想与他人分享文字的欲望也逐渐强烈起来。我希望有人能看到我的这些文字，看到我的思考。

我先是把这些文章分享到自己所在的几个早产妈妈群里，没想到群里的妈妈们反应很热烈，她们说我的文章里不仅有丰富的育儿前沿知识，而且因为我把这些理论总结得非常好，逻辑严密，层次清楚，让她们花很少的时间阅读一篇文章，就能轻松学到很多新鲜、有用的知识。

妈妈们的正向反馈成了我坚持记录育儿日记的动力。从那以后，我每天都会写一篇文章发到群里分享。群里有位家有两宝的医生妈妈，她读了我的好几篇文章后，就建议我也注册一个微信公众号，因为这样就会有更多的妈妈受益。

可当时的我身在纽约，既感受不到国内自媒体欣欣向荣的发展，也完全无法想象这种新媒体在不久的将来会创造出何种商业奇迹，更何况我一直心有所属——我的前东家，所以这位医生妈妈的建议我并没有放在心上。比起注册一个似乎不太必要的公众号，我还是觉得先做好全身心陪伴早产女儿的全职妈妈最重要。

真正促成我把“大J小D”变成一个微信公众号的，是另一段小插曲。

一次不太服气的联合署名

在早产群里分享了一段时间育儿笔记后，一个国内的母婴大号联系到了我，她想转载《我们这一年》的故事，同时也想另外约我写一篇关于育儿方法的新稿。

说实话，这个大号当时在自媒体领域已经颇有名气，所以这个邀请满足了我小小的虚荣心。从小到大我很少因为写作得到表扬，但现在我写出来的内容被阅读量如此之高的公众号认可，让我觉得自己也有写作潜力，顿时充满了创作的热情。我认认真真写了一篇有关孩子精细运动的文章（这个选题当时在国内还没被重视）。说实话，这篇文章写完我自己还挺满意的，我不仅把相关概念解释得非常清楚，还提供了锻炼孩子精细运动的各种亲子游戏。我自己觉得这篇文章把精细运动的理论和实践都已经写得很充分了。

让我意外的是，这篇文章发给对方不久，对方给我的反馈是她给文章做了一些改动，所以需要联合署名。我有些吃惊，难道我这篇文章还存在很多欠缺的地方？于是我仔仔细细看了所有修改的部分。这一看，我心里泛起了嘀咕：这些改动对原文来说明明只是些“轻描淡写”的调整，真正的干货和精髓都是我写的啊。

虽然心里有点不舒服，但因为之前答应过给她供稿，所以我也没有再说什么。可对我这样一个在跨国企业从事品牌工作多年的人来说，原创意识或者说版权意识是深入骨髓的。所以虽然当时同意了这位公众号创始人联合署名的操作，但我的内心是很不服气的。

带着这种不服气，我特地细读了那个公众号的所有文章，也不知道是不是因为一时意气，当时就有一种不知道从哪里来的自信，觉得这样的文章我也可以写出来啊！如果她的文章能有这么高的阅读量，能让这么多人觉得有帮助，那我这段时间养育早产宝宝的实践心得，以及来自医生、康复师和营养师们的第一手资料，不是也可以帮助很多人吗？

似乎就是因为赌这一口气，我注册了自己的公众号。看到这里，你们会不会觉得，正因为我身上还有一份所谓的傲气，才有了我现在的这份事业？我也曾经这样想过，如果没有这股所谓的傲气，是不是就不可能有现在的我？

但作为一名自媒体创业者，在遇到一个又一个难关之后，我发现凡事都有两面性。也正是这股傲气，还有我一直坚持的“价值观”，以及自以为绝对正确的“认知”，都一度让我在创业道路上“画地为牢”，甚至一度让我崩溃。

但不管怎么样，2015 年，我就这样误打误撞开启了自己的自媒体生涯。

我也是有粉丝的人啦!

这个时代变化得实在太快了，自媒体这种新鲜事物从“崭露头角”到“纵横江湖”，似乎就是短短几年时间而已。在不到十年的时间里，微博、微信公众号、短视频、直播等各种新的自媒体形式轮番登场，创造出一个又一个财富神话。

这年头，谁还没有注册过几个自媒体账户，更新过几篇短文、几个短视频呢？但真的能做到“红起来”，能挣到可以养活自己的钱，并且能坚持九年的，恐怕就不算多了。

我是怎么“红起来”的呢？一个字，熬。如果要再加几个字，就是要坚持傻熬。

刚创立就进入倒计时的一个公众号

最开始自己写稿的速度真的很慢。一篇千字不到的文章，我需要写三四个小时，甚至有时候大半天也憋不出来。可是既然建立了公众号，肯定要保持一定的更新频率，我这个笨小孩，又拿出初入职场时的那股傻劲儿——既然认定要做这件事，只能给自己加码，不能给自己留余地。于是，我给自己定下一个隐形目标——在工作日公众号推文要保持日更。

可当时我还要带着早产的女儿每天去做康复训练，再加上迟缓的写作速度，为了完成自己设定的这个任务指标，我只能利用一切可利用的时间。早早爬起、整夜不眠是常态，或者在女儿小憩的间隙抢出多打几个字的时间。你们问我不累吗，当然很累，每天都很累，但我乐此不疲。因为那个时候，我的微信公众号更像是一群老朋友的聚集地，这边文章一发布，就像启动了召集令，大家的问候会准时到来，很多人还会在留言里和我分享他们今天的生活。

最早关注我的那一群读者，每一个人的微信头像我都能认出来。我知道她们来自哪里，清楚她们的孩子情况如何。我和几位现在所谓的“初代粉丝”还加了微信，成为云闺密。她们中有早产宝宝的妈妈，有发育迟缓宝宝的妈妈，她们会和我交流孩子的问题，我也会尽力帮她们寻找相关的医学信息，想方设法向女儿的康复师和儿科医生讨教她们如何处理孩子的问题。

虽然我并没有见过她们中的任何一个人，但这并不妨碍我们之间情感的增进。对我来说，她们是陌生人，也是最熟悉的人；是读者，也是朋友。我很害怕自己会辜负她们的信任，于是我更加认真地对待每一篇文章、每一次分享。

彼时正是微信公众号这个新媒体平台如火如荼、野蛮生长的时间，套用同行的一句话——那是个随便晒个娃都能有好几万阅读量的时代，而我的公众号借助着这股“飓风”，粉丝数量也以惊人的速度增长。

慢慢地，“大 J 小 D”这个听上去有点拗口的公众号在自媒体圈子里也小有名气了。不过即便如此，这个公众号的出现更像是一次临时起意，而不是源自长期考量。我始终未曾改变过自己的想法——我要在老东家延续自己的职业生涯。

可能因为这个公众号在我的人生计划中是一个偶然生发、可以随时截断的旁枝，我反倒相当郑重地对待它。我甚至开始认真地倒计时，想象着自己离告别写作的那一天还有多久，而这种紧迫感让我写起文章来更加认真了。因为我希望在回到正经的、正式的工作岗位之前，在这个公众号“大 J 小 D”的“有生之年”，我可以不辜负这个自己一手创立的平台，也不辜负我和它一起成长的这段时光。

走哪儿算哪儿的创业初期

为了有更高质量的输出，我倒逼自己开启了更大强度的输入。

小 D 的情况已经慢慢好转，我带娃也逐渐得心应手，工作日的晚上和周末我可以利用的时间也多了起来。于是，我报名参加了一个早期儿童教育的课程。对我来说，这是一个崭新的起点，打开了我认知上的新世界，也为我后来系统学习早期儿童教育奠定了基础。

与此同时，我还做了另外一件事——把公众号的文章结集出版。当时有很多母婴博主看不懂我的行事路径。出一本书，耗费的时间长，投入的精力多，能得到多少回报也很难预估，对于当时已经尝到团购甜头的博主来说，出版一本书能带来的收益真的可以忽略不计。

如果你们一定要问我为什么在粉丝高涨的时期选择出书，我只能说在那个时候，我希望我的学习和我的思考能通过另一种形式激发出更多的意义，希望我的心得体会能被更多的父母看到，从而能帮助到更多的家庭，所以我愿意将时间投入到这件看起来费力又不讨好的事情里。

为了让自己输出的内容更加系统科学，我比以往更加勤奋。我开始广泛地搜集父母们关心的话题，挖掘更多在国内被忽视但在国外已经有颇多研究的理论知识、方式方法。在我将吸收的知识一点儿一点儿转化成文字的漫长过程中，我知道很多母婴公众号已经组织过很多次团购，但我从未有过一丝动摇。可能我一直是关注自己的目标多于关注“旁人在干什么”的那类人，所以准备出书的那段时间，我反而过得平静且充实。

好在第一次的出书经历很愉快，我的带娃经验和码字能力也在同步提高。一时间，我迎来了极为亮眼的两大成果：公众号的快速涨粉和图书的惊人销量。我也由此多了另一个身份——畅销书作者。

当我最终真的走出商业变现这一步并取得可观成绩时，很多同行曾对我的发展路径进行分析，他们一度觉得我很有商业头脑，很会布局，评价我先出书这一步走得很高明，不仅圈了很多新粉，还增加了粉丝黏性，为商业变现铺垫了很好的基石。

每次听到这样的评价，我都忍不住想笑。真的，其实我哪里有如此智慧，提前去规划我的“商业版图”？我所做的选择，只不过是遵从当时的本心行事，只不过恰好每一步的选择符合了市场发展的规律而已。

所以，我们有时候不要总想着去总结和照搬别人所谓的“成功”经验，那些可能只是别人当时“随便乱弄”的结果。而真正值得我们细究的，是从无到有的过程，和在这个过程中发生的故事。

这也说明我们不要轻易地被“计划”“策略”或者“最好的选择”这类词捆住手脚。很多所谓的“精英人士”常常就是因为想达到精准的规划，反而裹足不前。我在前东家就是做品牌战略的，所以特别理解很多人在走出第一步前，总想先有一个尽可能完善的计划或者整体方案，从前的我也一样。但从我突然遭遇女儿早产的那一刻起，我就明白了，人生其实很难精准规划，所以有时候我们需要尽快地走出第一步。

“回不去了”还是“不回去了”

记得在我的公众号初露锋芒的那一年，国内很多母婴博主来参加纽约玩具展，我和他们正好有了进一步交流的机会。他们中的大部分人已经把自媒体作为一项事业来运作了，几乎所有人都实现了商业变现。所以他们对我发出一个大大的疑问：为什么粉丝量如此之高的我没有一点儿商业变现的想法或者诉求呢？

最开始我会向他们耐心解释，这个公众号只是我的一个“短期工作”，一个临时性事务。其实我在创业小故事里多次提到，我对公众号的计划里有“做好”这一项，却没有“做长”这一项，我是一心一意想要回老东家的。但当时大家好像都无法认同我的解释，每个人都会反问我：“就算公众号是短期运作，也不妨碍你现在赚钱呀？”直到我半开玩笑地说，我先生赚得挺多的，我确实也不缺钱。没想到这随口的一句玩笑话，大家反倒更愿意相信，各路人马的猜疑才算告一段落。

但事实是，最终我没有回到原来的轨道，那是为什么呢？是因为当了几年全职妈妈，跟不上全球一百强企业的需求，所以回不去了吗？还真不是！是因为我找到了更想要做的事，最终是自己选择了“不回去”。

不过，我做育儿博主的这九年里，有太多妈妈向我倾诉职场困境。一些读者是因为当了几年全职妈妈，想重新回归职场时，却发现自己很难被接纳。还有一些读者并没有长期脱离职场，但因为需要投入很多精力给家庭，所以很难挪出更多精力和时间在职场打拼，只能原地踏步。这些妈妈的困境都是现实中常见的情况，我们真的找不到破解之法吗？我想和你们分享一下我和先生为人父母后反而获得更多职场竞争力的小故事，希望能对大家有所帮助。

谁说育儿技能不是职场上的加分项呢？

小 D 一岁多时，先生得到一次晋升机会。面试前他特别紧张，因为作为一个外派到此的中国人，能在北美的外企做到高管已经很不容易了，再往上升职的空间其实很窄。这次面试的候选人名单里，也只有他一个中国人。

当然，紧张归紧张，这么难得的晋升机会肯定要全力以赴地争取。所以那段时间，先生都在很认真地做着面试准备，毕竟这么多年的职业生涯，他大概知道会被问到哪些问题。有一天晚上，先生突然问我，如果被问到当了爸爸之后有些什么感触，他该怎么回答，因为他想了半天也没觉得有什么可说的。

我想都没想，张口就来："那可太多了啊！"先生傻傻地看着我，怎么就太多了呢？他是真的觉得养孩子这件事和职场晋升没有半点关联。

可是我真的没有夸张。一个什么都不会说的宝宝，我们要随时关注她的表现，理解她的需求，才能把她健健康康地养大，这不就是"定义需求""挖掘需求"的最好示例吗？我们从对医学什么都不懂，到现在可以自如地与医生沟通，抓住关键问题，做出正确决策，安排康复师介入治疗，这不就是“学会提问”“统筹团队”吗？我随口举的几个例子，一下就启发了先生。用他的话说，是“格局打开了”。这个故事也有了一个开心的结局——先生成功拿下了那次的晋升机会。

先生后来和我说，成为爸爸的故事绝对是面试中的“加分项”。这让我更加深刻地意识到，我此刻正在做的事看似只围绕“育儿”这个主题，但其实我在这个过程中所淬炼的能力，完全可以让它转变为职场中的加分项。因为职场中最值钱的能力之一就是“可迁移能力”。不同岗位、不同职责遇到的难题或许不一样，但需要的一些能力却是相通的。而管理者可以通过我们现在做的事情，以及对当下问题的处理，来推断我们有没有能力解决未来遇到的难题。

一个全职妈妈也可以是一个品牌

自从我的格局也打开后，我就决定把自己当作一个“品牌”来经营，开始积累自己的“品牌故事”了。一方面，我会把日常的育儿生活与职场工作有意识地进行联系和比较，另一方面我会和前同事们加强交流。这个“加强”交流可不是去聊八卦，而是通过“有目的”“有方式”地交流，让他们可以在最短的时间里知道我做了什么，做成了什么。真的不要小看沟通这个技能，当你想让他人很快就能捕捉到、意识到你的实力，在那么多点头之交中锁定你和你所做的事情，那么如何有效呈现自身的重要信息是至关重要的一点。

这里我想和你们分享一个很重要的沟通模型——STAR 模型。这是四个英文单词首字母的缩写：situation（情景）、task（任务）、action（行为）、result（结果）。所有的故事都能按照这个结构讲，这样不但有完整性，而且逻辑清晰，要点突出。比如，我会怎么介绍我的公众号和我的KOL（关键意见领袖）身份呢？如果代入STAR模型，我会这样说：

2015年，自媒体粉丝红利期快要结束了。——S（展现情景）

我从零开始创建了微信公众号。——T（总结任务）

这一年多来，我从自己的育儿实践出发，用各种深奥的教育理念结合自身实例，深入浅出地和读者进行分享，帮助很多新手父母解决了实际问题，并且缓解了他们的焦虑。我发现在这个过程中，我的跨领域学习能力、总结内化能力和洞察痛点能力都得到了锻炼。——A（我做了什么）

目前我已经有了五十万读者（当时的数据），而且自己的大脑似乎更好用了。——R（提炼结果，有数据就说数据，没有数据可以说影响力，对外界和对自己的影响都可以说）

当前老板Lynn联系我时，我就是用这种方式和她聊起我的现状的。Lynn对我所做的事情表现出浓厚的兴趣，并且主动分享了在我离开的这段时间，团队做了哪些事情，然后就开始问我以后的打算，明确表示期待我尽快确定归队的日期。那一刻，我真的无比开心。

当然，理智告诉我，现在谈回前东家的事还为时过早，毕竟小D是否能顺利入托还未可知。但是离开团队这么久的我，成为全职妈妈的我依然可以获得前老板的肯定，让我觉得未来一切皆有可能，而且一切都在向好的方向转变。

后面的故事，你们都知道了，我最终选择了不再回前东家，不是“回不去”，而是我真的决定“不回去了”。

赚钱这事，我都能拧巴

但是如果要把自媒体当作一份工作，甚至是一份事业，那么我就必须找到一个有可持续性收入的运作模式。拒绝了前东家的复职邀请，我很认真地开始思考怎么赚钱的问题。先有收入，才能谈以后的梦想，才能保证自己高质量地持续输出。这些道理我都懂，但说实话，迈出第一步还是特别艰难的。

2016 年，正是公众号如日中天的时候。公众号要挣钱，最简单的方法就是组织团购，通过内容变现。那时候，我在公众号写文章已经快两年了，还没有接过任何商业推广。而在后台每天密集的留言里，有一部分读者的认可就是源于在一众频繁带货的社群中，我的公众号只有干货。

天天被读者追着夸“你是不带货的清流”，必须承认当时的我真的怕一旦接了商业推广，开始团购带货，读者之前的表扬瞬间会变成指责，那是我最不愿意见到的局面。而对我来说，读者的信任和肯定是我最想守护的东西。就这么拧巴着过了三四个月，这个“悬而未定”的抉择像一把磨人的钝刀子，消磨着我写稿时候的专注力，还时不时让我陷入纠结和质疑：走向内容变现会不会是一个错误的决策？

这种内耗实在太难受了，于是我向先生求助。先生耐心听完我的顾虑，随即问我，公众号如果走出商业化的第一步，我要面临的最坏结果是什么？我想了想，最坏的结果大概有两个：一个是粉丝态度转变，可能会有一大堆留言质疑我的初心变了，只想着挣钱了；一个是商业变现失败，推广不成功，商品卖不出去。

说来也奇怪，当我把最坏的结果说出来时，不需要先生给我解答，我自己似乎就有了答案。推广不成功，商品卖不出去，并不可怕，这只能说明这些商品大家不需要，我对读者的购买需求把握不准确；而且就算变现失败，这个结果本身也是商业逻辑的一部分。当我真的说出自己最害怕的事——被读者指责忘记初心，这个事情的“可怕”程度好像一下降低了。因为我的脑海里立刻冒出下一句话：即便现在只分享干货，也时不时就有人留言骂我啊。

那个想象中很大很可怕的“怪兽”一下子就崩塌了，而我也知道下一步该怎么做了。当时的我还是个光杆司令，干什么都要靠自己，选品和商务谈判都是自己来，就这样磕磕绊绊走出了商业化的第一步。后来呢？结果你们也都知道了，确实有人留言，对我也开始做团购表示了失望，有些人甚至言辞激烈，直接开骂，但让我欣慰的是，支持我这个决定的读者远比质疑我的读者多得多。

若干年后，当我以“创业者”的身份给新朋友们分享经验时，我发现很多人和我当年的状态很像：一方面有着明确的赚钱需求或者目标，另一方面又不想那么痛快地承认，甚至百般掩饰，好像“赚钱”这个词说出来会有多么世俗，这样做的结果往往是明明需要赚钱，但自己的行动力全被内心各种纠结消耗掉了。

通过自己的能力去赚钱，守住自己的原则和底线去赚钱，这一点儿也不丢人。我们千万不要一边很想赚钱，一边却口是心非，好像自己对钱看得很淡，这样就太别扭了。想要赚钱，那就去赚。这些年的经历让我很相信“吸引力法则”，敢于正视自己的欲望，并把它变成一个具体清晰的目标，才能激发我们潜藏着的行动力，梦想也才有实现的可能。

我是个创业者

我是个擅长坚持的人，因为从小到大，我就被教育一旦开始某件事情，就一定要把它完成。我的坚持也实实在在得到了回报：我坚持学习，坚持实习，坚持运动，坚持带小 D 康复训练，坚持写作输出，这些都坚持下来的事情的确都有好的结果。

然而，坚持做某件事到底是为了什么，我并不是一开始就搞清楚了的。比如，公众号从创建到现在近九年了，我为什么能够坚持至少每天写一篇文章？除了不希望让信任和喜欢我的读者们失望，在我内心深处，让我能坚持下来的动力到底是什么呢？2019 年某一天凌晨 2 点 45 分，坐在从纽约飞往国内的航班上，我找到了这个问题的答案。

乘坐夜班飞机飞越大洋去出差，是选择自媒体作为自己的事业后我的生活常态之一。差不多每两三个月，我就需要飞回国内一次。那天，我选了一部叫作《燃点》的纪录片来打发时间。它讲述了十四个创业者的故事，有成功的创业故事，也有失败的创业经历。我认真地看完了这部片子，心情久久不能平复，有三个字重重地敲击着我的内心：创业者。

虽然在 2019 年，我那个小小的团队都已经运作两年了。但坦白地说，那一刻我才真正“开悟”，我才真正意识到自己也是一名创业者，第一次严肃地去思考成为创业者意味着什么。

我要对团队负责

最开始组建团队，都是通过公众号发布的招聘信息，应聘者们也都是公众号的读者。我自认为是个挺不错的老板。我从不严抓考勤，理解妈妈们接送孩子的需求，给大家的薪资待遇也都不错。但当我意识到自己是名创业者后，我突然觉得只是让大家过上“舒服好混”的日子是不够的。

我开始思考一个问题：怎样才能让团队里的每个人（其中大部分都是全职妈妈）更有竞争力，更有自信，更有力量感。显然，要实现团队的整体提升，作为这艘创业小船的领头人，我需要先往前冲，才能带着她们一起冲。

想明白这一点后，我终于可以毫无愧色地面对“商业化”这个词了。还记得第一次开团前，我曾经多么害怕看到这样那样的质问。而现在，随着我对自己创业者身份的认同，随着公众号的不断发展和团队的不断扩大，在最近几年里我们引入了更多的商务合作，有广告，有团购，甚至慢慢有了直播带货。

当然，仍然会有老读者说我变了，也在频繁卖货了，但我已经不会再因为这些留言动摇了。我不认为商业化就代表着与我的初心背道而驰。我就是要商业化，我就是要坚守底线地商业化。

“商业化”从来不是贬义词，而是一个中性词。在职场中，商业化的结果的确可以给大家很多底气。我就是要让团队看到，原来一群全职妈妈在一起，也可以做很多的事情。在运作公众号的过程中，我们这个团队不仅可以赚到钱，而且团队里的每个人都在飞速成长。

早期加入“大J小D”团队的几位全职妈妈，已经成长为我们这个公众号的中流砥柱，甚至在行业内都算得上是有口皆碑的厉害“老师”了。她们曾经也怀疑过自己是否能够拥有一份真正的事业，她们的求职信很简单地写着:“大J，我只是很喜欢你，所以我想跟你一起做点事情。”

但现在，如果你们见过她们就知道，她们每一个人都成了眼里有光、心中有野心的女人。我特别为她们开心。

我要为社会做贡献

除了让自己的家人过上更好的生活，让我的团队过上更好的生活，我还能为社会做什么？作为创业者，这是我思考的第二个问题。我一直希望能够通过自己的微薄之力为这个社会做点什么，能够产生一点儿影响。这也是为什么我会坚持写书，因为我觉得这件事能产生更长远的影响。

我也在做一些公益活动，虽然在这件事情上我还一直在摸索中。不断有人问我，我有没有后悔过？我在这几年里投入到公益里的钱，如果直接捐出来，不是更容易出名吗？每次我都会“狂妄”地回答，我已经很有名了，我不需要名气。我想做的就是干实事，我想要的结果就是让需要帮助的人得到实际的帮助。这就是我认定的公益之路，再难我也会坚定地走下去。

这也是我最真实的想法，作为创业者不能心里只有自己。一个真正的创业者，他会主动去影响一批人，带动一批人，为我们所在的环境变得更好去努力做一些事情。

要不断跳出舒适区

这些年自媒体环境变化很快。我曾经是个文字工作者，而如今我录短视频，也直播带货。但实际上我并不擅长出现在镜头前。我是个嘴笨的人，还有点社交恐惧症，面对镜头我有点无所适从；而且，毕竟自己在“写作”领域已经有了一点儿所谓的“成就”，想到踏入新的领域后，我要再次面临被评判、被比较的境地，我的心情其实比第一次写公众号文章时更纠结、更惶恐。

我当然可以选择在自己的舒适区安安稳稳做一个公众号博主就好，但我也很清楚地知道，作为创业者，我的认知和能力的边界就是团队发展的天花板。我问自己，是接受自己能力的上限，还是试一试，看能不能捅破这个天花板？于是，就像你们知道的那样，我从电脑前走到了镜头前。如今虽不敢说我已经做到自如地面对镜头，但我能确定一点，面对镜头这件事不会是阻碍团队发展的短板了。

我创业了，和我认识到“我是创业者”，是有天壤之别的。当我意识到自己是“创业者”后，我是有使命感的。如果我没开启这段创业旅程，我估计永远都无法有这些感悟。所以你们看，人生真的很精彩，重要的不是我们计划做什么，而是认真地对待生活带给我们的每一个机会。

第八章 最初谁还不是个草台班子

只有持续把精力花在自己的“主业”上，财富才能稳步上升。那么，与其把赚钱的希望寄托在不可控的“风口”上，不如花时间打磨自己的专业能力，把它变成自己能依靠一辈子的“铁饭碗”。

我一直觉得自己很幸运，创业前半程算是踩上了微信公众号野蛮生长的风口。但一晃眼七八年了，微博、微信、短视频、直播……自媒体的风口，一个接一个应接不暇。下一个风口来了，流量就哗哗地被带走一大片。每一个风口被送上神坛很快，跌下神坛也很快。

创业九年后，我还能坚持在微信公众号的一亩三分地上耕种、收获，还能赚到钱养活自己和小团队，这是我值得骄傲的一点。我也知道，很多人的事业也一定和我一样，会遇到“年景不太好”“行业不景气”的时候，可我们总还要蹚过去。那究竟怎样才能让自己打起精神，继续前进呢?

我的办法是时不时回看一下自己走过的那些路。从过去那个勇敢勤奋的自己身上，找到一些力量；也从过去做过的傻事，说过的傻话，流过的眼泪里，找到“一切都会过去，没什么大不了”的信心。

隐藏大号的客服小二

“大J小D”这个公众号迎来第一次团购的前一夜，我完全没有睡。虽然是第一次卖东西，但我也知道店铺得有个客服，回复买家的各种问题，所以团购文章发出去后，我就守在一边回复留言，但我确实没想到，会有那么多人……

我记得特别清楚，我和国内有十二个小时的时差，国内是早上看到文章，开始进店咨询，对我来说，则是从傍晚一直守到了天亮。一开始我还能刻意隐藏身份，说自己是小助手，结果到了凌晨，我实在太困了，一不小心把身份暴露了。结果下半场的团购活动答题，全都变成了育儿问题答疑。

不过，很多妈妈听完我的解答后，都会给我鼓励。她们让我一定要加油往前冲，因为我让她们看到，原来一个“没的选”的全职妈妈，仍然可以靠自己“有的选”。一些妈妈可能察觉出我第一次组织团购的慌乱，还特意留言让我一定要继续推荐好东西，因为这样她们就不用再花时间去比较、去挑选了。

当太阳再次升起，我关闭了团购店铺的 App，熬了一个通宵的我，还需要赶出小 D 的早饭，叫小 D 起床，送她上校车。等忙完这一切，我一头倒在沙发上睡着了。醒来后，浑身酸疼的我清醒地意识到，这样熬大夜的状态是绝对无法持续的。我要创业，但我的现状也客观地摆在面前，陪伴小 D 的时间绝不能被挤占和压缩，而我还有自己的学习和生活。

那么问题来了，如果这种团购模式未来会成为公众号的常态，我要如何应对？大家的第一反应大概率都是那就赶紧组建团队呀。但说实话，我当时真以为自己进入了一个死局。为什么呢？因为我奇奇怪怪的思考模式出现了。身在纽约，和国内有着十二小时的时差，我心想肯定不可能去找一位身在国内的小伙伴帮忙啊。再说，我一直觉得一份正正规规的事业，怎么也得配一个正式的办公室，让团队能坐在一起沟通啊！

好在我已经学会一点，进入死局的时候，要跳出来，往回看。我就问自己，刚做全职妈妈的时候，我是如何在鸡飞狗跳的境地"找到"时间，让自己带娃的同时还能锻炼身体、学习知识的呢？这些经验在前文曾和大家分享过，用一句话总结就是，把时间花在自己最能增值、非我不可的地方，而其他地方完全可以"借力"。那公众号的商业化作为一个新项目，哪些是自己最能增值、非我不可的地方呢？

这么一问，答案立马就清晰了。每天的原创输出和选品把关是非我不可的，而售后服务就是可以花钱借力的。那问题就很简单了，我立马意识到，我要找的这个帮手不一定非要在纽约，也不一定非要见面。

顺着这个逻辑，我在朋友圈里发了条消息，想找个可以帮忙打理店铺的兼职客服，而且还真的就找到了。我和这位一号员工每天用微信沟通，十二小时的时差完全不是问题，而且她压根儿不需要坐班。居家办公，远程协作，这些词现在听起来好像很普通，但早在 2016 年，这种工作模式对我们来说，真是新鲜得不能再新鲜了。出乎意料的是，我和第一位搭档竟然配合得异常默契，这种模式也成为我此后八年的工作模式。

现在回头看这段路，我有个很深的感悟：万事开头难，谁都是摸着石头在过河。如果我们总想着要稳稳当当看清全局再出发，那么很有可能我们根本就不敢出发。穷尽自己当时的智慧和资源，都会觉得挡在自己眼前的山太大，水太深。但如果一个阶段只解决一个问题，我们大部分人的智慧和能力其实够用了。而未来很多不确定的问题，也许会在当下做的事情中慢慢浮现出答案。

所以还是那句老话：光想，哪儿哪儿都是问题，做起来才能找到答案。

撸起袖子下场，才知道自己的“无知”

刚开始做公众号的时候，眼看一些入行早的前辈流量和热度蒸蒸日上，人气财富双丰收，我的心里也会冒出一种声音：不就是入行早，没有其他人竞争吗？不就是偶然踩到风口了吗？真正的实力怎么样还不一定呢。结果，当自己也将公众号当作事业做的时候，我才知道，真的没有人能随随便便成功。

有了我的第一个小助手——一位兼职客服专员的加入，“大J小D”公众号开始有规律地每月组织一次团购。随着我们的团购逐步踏入正轨，各种各样的问题也接踵而至。而最让我们头疼的是处理商品售后问题，几乎每天都要在“情”和“理”上来回拉扯。

明明不是我们的责任，有些读者却咬定就是我们的错。还有个别读者，每次参加团购都会以包装有些微损毁为由，一件售价不到一百的商品还要求我们补偿十元、二十元甚至更多……这种特别琐碎又必须处理的问题，把我和小助手都逼得头疼：到底是要据理力争，还是和气生财、一笑而过呢？

已经记不清我和小助手被气哭多少次。因为都是新手上路，我们根本没有意识到售后服务需要建立起责权明晰、黑白分明的规则。于是，我们只能每个售后问题都“具体问题具体分析”。每天纽约时间晚上 12 点（北京时间中午 12 点）是我和小助手的固定复盘时间。不过那个时候每天一次的电话，与其说是我们在总结复盘，倒不如说是我们在为彼此打气鼓劲。

直到这时，我才发现以前的自己有多么傲慢浅薄。这个世界是不存在“人傻钱多随便拿”这回事的。实际上，当我被锋利的现实刺破了心中的傲慢与浅薄之后，我才真正地睁开双眼，发现原来那么多的同行、前辈，还有我的品牌供应商，都有自己的十八般武艺。他们的成功，并不是一句“靠运气”就可以简简单单解释的。

而我之前的轻慢，像是为自己制造了重重迷障，让我完全看不到他人的优点，当然也就不会想去探究他人真正的成长路径。而这种傲慢浅薄的认知一天不改变，哪怕别人手把手、掏心窝地分享成功方法，我也不会去听，更不会“拿来”用。

在这里特别想说的是，当打破自己的傲慢和封闭后，我结识了很多创建公众号的前辈，比如“小小包麻麻”的创始人、“一小时爸爸”的创始人，他们都给过我莫大的帮助和指点，让我受益匪浅。

我突然想明白了，一个人能不能赚到钱，能赚到多少钱，上限在于“认知”，而不在于能力。而正因为我们内心中或多或少都会潜藏着“想当然”的傲慢，才会让我们在有些时候把这个世界看“窄”，把别人的实力看“弱”。

拒绝送到眼前的钱，我算了笔大账

团购做起来后，我的公众号也开始挣钱了。2016 年正是公众号商业变现的红利期，吸引了资本的关注。我的很多前辈或者同行，也都选择了资本的介入，加速商业变现的步伐。而从商业角度来说，我的公众号流量高，转化好，自然而然成了资本眼里的“香饽饽”。

有一家投资机构的负责人甚至特地飞到纽约来见我，试图说服我接受融资。那时的我，压根儿不懂“资本”“投资”这些词代表的含义，所以当投资人热情地说要给我钱时，我第一反应并不是惊喜。我很直接地回答他，我不需要他的钱，公众号目前的运作很顺畅，现在赚的钱已经足够这个团队持续发展，我自己也没有多么强烈的消费欲望。我至今还记得这位投资人的表情，想来他猜测过无数种答案，但压根儿想不到被拒绝的答案是——有人不需要钱。

而我则接着问他，如果我接受这笔钱，他建议我花在什么地方？坦白说，投资人为我描绘了一幅精彩的商业蓝图。比如，我们可以如何利用资本搭建日销团队，以及接下来我们将会达到的惊人涨幅和预期目标。说实话，那个预估值真的是一个很大的数字，是我压根儿从未想过的一个数字。但很奇怪，这个数字并没能触动我，他描摹的锦绣前程也并没有激发我的热情。我当场回绝这个投资人，连回家和先生商量一下的想法都没有。

这件事情我身边的好朋友都知道，也有很多人不理解：这么多钱送到眼前，你就没有一点儿心动吗？其实我也说不清为什么，可能是我“目光短浅”吧。那时的我对投资人所说的那些商业概念和蓝图真的没有兴趣。而我可以确定的是，只有持续把精力花在自己的“主业”上，财富才能稳步上升。如果一件事情不是自己的主业，自己既不擅长，也不热爱，那么即便可以靠着它获得短期收益，这个收获期也不会很长。那么，与其把赚钱的希望寄托在不可控的“风口”上，不如花时间打磨自己的专业能力，把它变成自己能依靠一辈子的“铁饭碗”。

要是时光能倒退，让我重来一次，我感觉自己还会做同样的选择。

“三个不”的团购原则

时间回到2019年的某一天，一位朋友发给我淘宝和小红书的一些推荐，只见上面铺天盖地写着“大J小D推荐”，她问我是不是在和这些品牌合作商业推广，那是我第一次发现自己居然有“商业影响力”了。

后知后觉的我，这才从几个熟悉的品牌方那里听到这样一个说法：只要我一发某产品的团购文，这个产品就能登上淘宝热搜。所以业内都希望能在“大J小D”公众号开团，因为只要被我们选中，品牌方就不用怎么使力，后面就会有一大批达人主动跟着开团。

说实话，听到这么高的评价，我既开心又吃惊：哇，我真有这么厉害吗？那么，同样开团，为什么我的团购会有这样的效力呢？这不是炫耀，我是真的认认真真地去思考了这个问题。因为知道为什么能做得好，才能做得更好。

曾经有一位品牌方和我说，我们之间的第一次沟通他至今记忆犹新，因为我和其他达人不太一样。在沟通合作时，其他达人问的都是这个产品怎么使用、什么价格，给到达人的福利机制等等非常具体的问题，而我是唯一一个询问他们品牌愿景和定位的达人。可能因为我是第一个这样发问的达人，所以他们当时一脸蒙。而当我提出希望帮助他们传达出品牌价值时，他们更是颇为意外，所以对我的印象非常深刻。

其实细细想来，这个问题对我来说确实是再正常不过的。我在前东家的工作职责就是负责产品品牌的建设，所以即便现在我换了一个身份，但在做团购推广时，我还是会自然而然地代入双方的立场。除了为读者谋福利，向他们推荐真正好的产品外，我还希望能够通过自己的力量，帮助优质品牌走得更远。因为我很清楚，一个良性的商业环境不能只有一方获利，只有消费者、中间商、品牌方和公众号共赢，一个好的品牌才能获得可持续发展，才有能力推出更多好的产品，而消费者也才能获得更好的消费体验。

所以我做团购推广的时候，有“三个不”原则：

（1）绝对不过度讲述自己的辛苦和不容易。这样大家才更能记住品牌本身，而不是“大J有多好”。

（2）绝对不直接拿品牌提供的文案敷衍了事。每次团购我都会深入了解品牌故事，用自己的真实感受将好品牌好产品推荐给更多的人。

（3）绝对不打价格战。虽然价格优势一定是实现团购的重要条件，但绝不能成为唯一标准。我会通过自己的解读诠释，让大家想明白自己为什么下单。

写下这些，我突然发现，这不就是当年前东家的公司文化特别强调的互惠原则吗？年轻的时候其实我不是特别理解公司所说的这句话——一定要携手合作方共同成长才能互惠互利。谁能想到，这句话却在几年后变成了自己坚持的团购原则：把每一次的商业推广，都当作一次真诚的沟通。通过自己的提问分析，我尽可能帮助品牌方更好地梳理他们的核心竞争优势；通过自己的真实体验和专业解读，我努力帮助家长了解什么才是“合适”的产品。

所以品牌方看到的我的与众不同，或许有一部分正是我在前东家的“收获”。“Connecting the dots”（连点成线），这句乔布斯的名句在我身上也得到了验证：谁都无法判定，自己此刻做的事情和未来想做的事是否有关联。也许多年后我们再回望，才会发现原来真的没有白走的路。

来点关于赚钱的干货

创业八年，经历过独自摸索前行，断然拒绝投资，还有其他各种诱惑之后，对于自己怎么赚钱这件事，我想得越来越明白了。不管我们是自己创业还是给别人打工，想要找到一条行得通的“赚钱路径”，都要回答下面三个问题：

（1）我凭什么赚钱？

（2）我赚哪部分钱？

（3）我如何持续地赚到钱？

我凭什么赚钱？

马克思在《资本论》里提到赚钱的本质，就是把自己的东西提供给需求方，在“交换”的过程中得到差价。比如，在古时候，一个农民把牛养大，你花钱买过来赶到很远的城市里，而这个城里需要牛的人会愿意付更多的钱给你，因为这样的话，既不用他辛苦把牛从小养大，也不用他跑到很远的地方去买，省了他很多事。

而我们给公司打工也是一样，只不过交换的是自己的脑力或者体力。我们和他人共同完成项目中的各个环节，解放了老板的时间，让他不用亲力亲为什么都干，而一个项目因为能够有很多人同时参与，也让我们人类可以完成更大规模的生产。

拿我来说，当我在2016年决定不回老东家，而把这个公众号当作事业来做的时候，我就必须先回答出这个问题：我有什么东西可以用来和读者“交换”？那时我写公众号已经快两年了，从读者的反馈中我了解到，大家认可我的关键点是我清晰的逻辑能力——我能把对于国内很新鲜的育儿知识翻译得通俗易懂，能把复杂的理论解释得很明白，让读者一目了然。所以那时我确定“大J小D”以后的定位就是帮助大家了解那些生硬难懂的育儿知识，通过自己的解读把那些深奥的理论转换成接地气的实操方式，方便更多的父母上手操作。

说白了，交换的本质就是利用信息差、借助资源等方法为他人提供价值、解决问题。而我就是用自己的“学习能力和解决问题的能力”来和读者交换，这就是我赚钱的基础。因此，我选择的变现途径也都围绕着“学习和解决问题”这个核心。所以如果你们熟悉我的公众号会发现，直到2019年前，我的公众号都只团购玩具和绘本，就是因为我始终没有脱离这个交换的“核心”。

听我这么说，你们是不是觉得我把公众号如何立足、如何发展捋得特别顺，一切都是水到渠成？其实做这样的决定并不容易。一是就像我前面说过的，那会儿公众号如日中天，是自媒体最大的风口，面临着很多诱惑；二是新的公众号春笋般冒出，在不同领域用不同方式做着不同方向的尝试，一时间公众号的发展路径也让人眼花缭乱。

但是我很清楚自己能拿出来交换的就是“学习能力和解决问题的能

力”，我必须承认，这也许就是自己赚钱能力的天花板。与其被外界的喧嚣干扰，不如化繁为简，坚守初心。

我赚哪部分钱？

我知道大家同时会关注很多博主，如果你们仔细去看，就会发现不同博主推荐产品的风格不同。个人博主某种程度上来说也是个 IP，而 IP 变现赚钱最容易的方式是打感情牌。比如喜欢某个明星，就会倾向买这个明星代言的产品。个人博主的商业推广从某种角度来说，和读者的关联也有点类似。所以一些博主的文章里会用大量篇幅来告诉大家，他们费了多大力气才争取到这样的低价，甚至还可能说，发起团购并不赚钱，只是为读者谋福利。不得不承认，这样的说辞的确是最容易达到高转化的方法。

而在我的“团购荐品”文章中，这方面极其克制，哪怕有好多个首发品，甚至是品牌方专门为我的读者做的独家定制款产品，我也很少会和读者坦白“内幕”。这就是回归到“赚哪部分钱”的问题了。在 2016 年公众号开始走入商业变现道路后，我就确定了一点，我只赚“专业能力”部分的钱。

为什么这么选择呢？前面我就说过，我希望大家认识到是“这个品牌好”，而不是只记得“大 J 为了我们好辛苦”。还有，“情商高”从来就不是我的长处，我在前东家的每一次晋升都绝不是因为我“长袖善舞”，所以我确实不认为自己能够靠打“感情牌”来赚钱。这样的选择一开始不容易，但长期来说就是共赢的。

一定要强调的是，挣哪部分钱从来都是有方法之分，却没有高低之分的。在自媒体圈这些年，我在各个领域、各个赛道都见过做得非常优秀的博主，只要对得起自己的良心和初心，选择哪条路都无可厚非。只不过这些做得好、走得远的博主都有一个共同的特点，就是他们也都把自己“赚哪部分钱”想得非常明白，方向明确，步伐坚定，很少患得患失，摇摆不定。

我如何持续地赚到钱？

“如何能赚到钱”，其实是我经常被问到的一个问题。几年前，我真能一本正经总结出一二三四五。但如今，我一定会强调，首先是时代的红利。这一点可能是每一个做出成绩的自媒体都无法否认的原因。

不过，运气好，下场早，的确不是我能持续赚钱的唯一原因。这些年各种自媒体渠道兴起，甚至很多特别厉害的专业选手都下场做自媒体了。但与此同时，我们也经常看到很多超级大V，出现的时候如飓风席卷天地，一两个月后却悄无声息地消失了。我也听说，和我同批出道的自媒体人，很多都已经举步维艰。

坦白说，对于现在的困境我并没有太多意外。记得2019年那会儿，我就问过自己，也问过不少同行，自媒体的发展会出现什么样的情况，自媒体应该往什么方向踏出下一步。只不过我的这些问题并没有得到太多回应。当时不少同行要么不理解这个问题，要么觉得我瞎操心，毕竟当年我们每个人的业绩都非常不错。

可能我是个悲观的乐观主义者吧，我相信“花无百日红”，越是往上走的时候，越要准备好如何面对下坡路。从那时候开始，老朋友们都会发现，我每年都要折腾几件新事情，其实这也是我在为自己的担忧找答案。比如我曾经砸钱搭团队，做了两季访谈类的视频，投入了几十万，播放量却非常惨淡，不得不中断。但如果不谈商业利润，我个人仍然觉得这是一次非常有收获的经历。我认识了一群非常有趣、厉害的人，比如读库的六哥、熊亮老师等。

就这样在不停的思考和尝试中，从2020年开始，未来的路在我的脑海里慢慢清晰。我的受众是你们——和我一样当了妈妈后开始觉醒，开始想要变得更有力量的女性。

我这一路从乖乖女到外企高管，再到全职妈妈，最后变成创业者，其实展现的不仅仅是“育儿”，而是我们这代女性的“成长”。想明白这点后，我拓展了推荐品类，不再只围绕玩教具和绘本，我开始推荐一切可以让我们这代女性变好、变美的东西。也就是从那时候开始，我和你们分享我自己本来就一直在做的事情——健身、护肤、阅读，和你们分享我的成长经历，也和你们分享我自己喜欢的生活方式和好物。

而爱美、爱思考，想做好妈妈，也想做好自己，这些不仅是我每天的生活状态，更是许许多多女性希望的生活状态。所以当我拓宽了自己的推荐清单时，大家的反馈也让我发现，自己的决定是对的，一切好像都是水到渠成的结果。

这也让我明白，“持续赚钱”的能力必须是长在自己身上的东西，任何时候都要向内看：自己热爱什么？擅长什么？愿意钻研深耕的是什么？

好物推荐种类繁杂，但我知道自己不会偏离方向，因为我会坚持只赚自己“专业能力”范围内的钱。我推荐的产品，只会在获得真实的体验后再拿出来和大家分享。举个例子，如今大火的医美，我自己未来一定会去尝试，但我肯定短期内不会推荐给你们，因为现在我对医美没有太多研究，更谈不上专业。“个人体验”和“博主专业推荐”这个界限我一直区分得很清楚。

好啦，这算是把我创业成功的秘籍全盘托出了。虽然写的是大J的创业，但对于大家的职场或者事业来说，很多底层逻辑可能也是相通的，希望能够让你们觉得有所收获。

在路上的“掌欣早产儿专项基金”

时间来到2017年，一切看上去都挺顺利。公众号的发展步入正轨，且小有成绩。彼时，我的小团队已经有七个人，商业转化效果不错。而我在别人看起来也属于事业家庭兼顾且都还顾得不错的成功女性。

不过，最让我引以为傲的是，我的两条底线一直都没放弃过：一个是深耕内容，自己始终保持学习状态和高质量输出；一个是选品标准，从来不会为了挣钱而胡乱推荐。

按理说，我应该很满意当下的状态。可不知道为什么，我就觉得哪里不对劲，心里也开始不舒服，而且这种心情也很难与人分享。因为即便是我的闺密，都无法理解我的不开心从何而来：我不仅找到了自己事业的立足根本，而且也确实靠自己的专业能力赚到钱了，这不就是大多数人期望的生活吗？我还有什么不满意呢？直到某个周末，我随手翻了翻书架上的《论语》，意外地被一句话——“君子不器”——打动了，这四个字一瞬间拨开了我内心深处的迷雾。此后好几天，我的脑海里始终盘旋着这四个字。我忍不住问自己：Jessica，通过内容变现是你的专业技能，但你是不是也把自己局限在了这里面呢？经过几个星期的反思，我不得不承认，我的确把自己局限在这一亩三分地了。但我到底还能做些什么呢？我也不知道，只是心里隐隐觉得，我一定还能做些什么，也应该再多做些什么。

记得在我刚怀孕的时候，我曾和当时的领导 Lynn 抱怨过职场环境的不友好。她告诉我，如果我们对现在的环境不满，那么就努力成为站在高处的那个人，然后去一点点改变现状。而我也知道在公司各个地区女性管理者的推动下，公司真的为职场妈妈提供了更多的便利。比如每个总部办公室都有专门的挤奶室，还配有存放母乳的小冰箱，哺乳期妈妈也都能享受 4 点下班的权利。现在我的事业也算小有所成，并且能够接触到更多的女性，听到更多的女性的声音，所以，我应该也有能力做些真正“利她”的事情了。

2017 年的圣诞节，我和先生计划带小 D 去多米尼加的海岛玩。临出发前，我在朋友圈看到一则消息，北京春苗儿童救助基金会（2018 年更名为北京春苗慈善基金会）发出求助，他们收治了一个被烫伤的孩子，但需要的很多治疗物资国内找不到，所以他们想通过朋友圈发动更多人的力量，看看能否在国外找到这些物资的购买渠道。

于是度假结束后，我直接从海岛飞到了北京，和我随行的是两个大大的旅行箱，里面装满了基金会需要的治疗物资。将这些物资送到目的地后，春苗理事长崔澜馨接待了我，她非常热情地向我介绍了春苗的历史，然后带我参观了他们的“春苗之家”。在那里，我看到了和小 D 一样小的早产儿宝宝，看到了先天性心脏病宝宝，看到了唇裂儿，也看到了那个浑身烧伤的宝宝。

我这才知道，原来这些都是被遗弃的孩子。而春苗作为一家慈善机构，它的日常工作就是帮助这些残疾或患病儿童找到好的医疗救助，让他们获得康复的机会，并且帮助他们找到未来的安身之所。

那天，我听到了很多遗弃儿童的故事，也了解到了春苗这么多年一直在做的事情。当一个早产儿宝宝张开她细长的手指，一下抓住我的手，那一刻我真的绷不住了。这种感受我太熟悉了——当年小 D 就是这样抓住了我，让我无比确定，我决不会放弃她，我一定要做她的好妈妈。

于是，在对春苗的第一次拜访中，我就失控地号啕大哭起来。但是，这一场大哭，也让我郁结了好一阵子的心情瞬间开朗了。我找到了自己想做的事：我想要做公益。

回到纽约后，我就把自己的想法和先生聊了，其实我压根儿不知道自己要做什么方面的公益，甚至不知道做公益到底是做哪些事情。最后先生问我，是想捐钱吗？我立马摇头，捐钱我们一直都在做，但现在我想做的不是单纯地捐钱，而是那种可以实实在在给予别人帮助的公益，像春苗在做的事情一样。

既然我不知道第一步该怎么做，而春苗在做的事情又是我希望做的，于是，我迈出去的第一步就是联系春苗，去和他们描述我这个还不够真切、模模糊糊的想法。没想到的是，春苗竟然可以理解我想做的事情，并且还提出了具体的建议。他们建议我成立一个专项基金会，而春苗则可以带着我入门，帮助我这个“公益小白”慢慢成为一个相对专业的公益人士。

也就是在这一年，掌欣早产儿专项基金会成立了。我以个人名义承诺，每年会拿出“大 J 小 D”公众号的一定利润放在基金会里面。掌欣早产儿专项基金会的建立，让我对自己追求的人生方向有了新的思考。

创立了掌欣早产儿专项基金会以后，我就一心想要把早产儿相关的公益事业做起来。但我忘记了一点，公众号其实是我第一次创业，而第一次创业没“死”在半路上，结果还不错，这其实像中彩票一样，是个极小概率的事件，并不能类推出其他事情的结果。但当年我压根儿没有这样的思想准备，我想当然地以为我的公益事业也会顺风顺水，可现实并非如此。

我是公众号起家，当考虑公益事业的展示形式时，我第一个想到的就是做一个最有温度、最靠谱的早产儿公益科普公众号。我的设想是早产儿家庭能通过我们的公众号，一站式找到靠谱的信息，而不用像我当年一样，只能在网络上像无头苍蝇一样乱撞，而且找到的全是“可怕”的信息。

于是，作为公益发起人，我的第一笔“巨资”就砸在了公众号的开发上面。我对公众号的设想有很多，比如：我希望公众号里的信息是全面的、正确的；公众号能根据孩子的不同情况打上识别标签，精准推送相关的科普文章给不同的家庭，让读者拥有良好的使用体验；同时公众号里面还要有类似 BBS 的功能，方便读者的沟通。

是不是听着思路挺对的？我当时真的觉得自己的想法很好。于是，公众号的改造也紧锣密鼓地放到了日程上。搞技术的朋友肯定知道，需求越多，价格越贵。没办法，谁让我想要一个完美的东西呢？一咬牙一跺脚，多少钱我都付了！

掌欣公众号终于如期上线了，却并没有像“大 J 小 D”这个公众号一样，或者说像我想象的样子，一下子就有很多早产儿家庭聚集在这里。直到今天，掌欣公众号也还在运行，但真正去看那些科普文章的用户，比我们当初预想的要少很多。

最开始，我想不明白，自己每个决定不都是紧扣着早产儿家庭的需求吗？当年如果我能遇到这样的公众号，可以缓解我多大的焦虑啊！到底是哪里出错了呢？

现在回头想想，我犯了一个路径依赖的错误。因为自己的公众号进展顺利，也有一定的影响力，就想当然地以为建立一个科普公众号，就能帮助到早产儿家庭。但我忽略了一个事实：当一个家庭发生孩子早产的情况后，父母最迫切、最真实的需求可能根本就不是去看一个公众号。就像小 D 早产时，我的第一个反应肯定也不是去找一个科普平台。明明这些我都经历过，但我做决策的时候却忘记了，我是在用一个公众号创始人的思维，而不是一个早产儿妈妈的视角来思考。

掌欣公众号没有达到预期效果，我不是心疼已经砸下去的巨资，而是遗憾没有实现自己帮助更多早产儿家庭的心愿。痛定思痛，我决定真正去了解他们的需求。

在这个第二阶段，我遇到了一位资深的公益人，她提议我做早产儿家庭的心理干预。而这正好和我想做的早产儿家庭调研不谋而合。回想小 D 早产后的第一年，面对完全不可预测康复情况的孩子，面对看不到未来的康复之路，对我来说最难的的确就是心理建设。

于是，我又像打了鸡血一样，二话不说开干了。掌欣公众号先是招募了第一批志愿者，其中大部分都是曾经的早产儿父母，而我也是其中的一分子，然后我们又邀请到有心理咨询背景的专家老师给第一批志愿者做相关培训。掌欣公众号针对早产儿家庭的心理干预工作就这样开始摸着石头过河了。

那是 2021—2022 年期间，国内正好有疫情，于是原本计划的面对面的个案咨询就调整为线上模式。那一年，我们跟踪了不到一百个早产儿家庭。按照这样的节奏，我们一年也帮助不了多少个家庭，而且外界仍然很少有人知道我们是谁，在做什么。在这样的状态下，不仅我迷茫了，团队的小伙伴也迷茫了。

“Jessica，你到底想做什么呢？”

“你这一年年地往掌欣公众号掏钱，我们做的明明是公益项目，但为什么感觉像是在做慈善呢？如果是做慈善的话，那直接捐钱就好了，用不着费这么老大劲啊。”

这第二次决策，我似乎又犯错了。作为公益项目发起人，我其实并没有想明白自己到底要做什么。而当自己目标不清晰的时候，就很容易出现“什么都能做”，但“什么都做不成”的结果。就像我想走的这条公益的路，似乎总在改变方向，但始终走不到想要的终点。

在做公益这件事上，我走过的弯路还有很多很多，这里就不一一赘述了。到今天为止，公益这件事我还没有做明白。但这三年公益之路走下来，我的确有几点收获：

第一，躬身入局，才会发现问题在哪里，也才会真正了解自己的认知和能力局限在哪里。所以对于公众号创业成功这件事，我更多的是感恩的心态，我必须要承认自己是幸运的。

第二，记住“为什么而做”，才能在艰难时刻找到坚持下去的力量。初心真的太重要了，不瞒大家说，在公益这条路上，我有好多次想放弃，砸了那么多钱，想要帮助的人似乎也没有帮到，这样的结果真的让自己有深深的挫败感。但每当这个时候，我都会提醒自己为什么会有“掌欣”的诞生，而这份初心也会让我重新找到继续坚持下去的力量。

第三，“掌欣”的“难”也许是在证明，这件事本身很有意义——这说明在早产儿家庭这个领域，没有可以借鉴的现成的公益之路。所以，是不是也可以这样理解，之前所有的弯路，也许不单单只是弯路，而是这个过程中的必经之路？

在遇到春苗之前，我一度陷入困扰，感觉自己从这个社会获得了很多，却没有为这个社会做出相应的贡献，甚至有时候会怀疑自己是不是属于“精致的利己主义者”。但当我真的可以为别人做一点儿实事，真的在为这个世界变得更好尽到一份心意的时候，我觉得自己又重新充满了前进的力量。

很多年前，小 D 能从当年那么糟糕的情况下康复，我一直觉得那是因为很多很多人把爱传递给了她，她是一个被大家祝福的孩子，而我们现在所做的，正是把这些大爱继续传递下去。公益之路，我们还在探索，可以肯定的是，“掌欣”的发展路径已经越发清晰了。就让我继续再看看，我们到底能不能做明白吧。

第九章

祖国，我回来了！

很多时候，我们所谓的“自我接纳”就像是一句空洞的口号，我们还是会评判自己，还是着急改变自己。而真正的“自我接纳”是要花更多时间去了解和观察自己，不是去评判自己。

2020 年，我们回国了。这一次不再是出差，而是我和先生这两个远行十年的游子，带着旅途上最大的收获——女儿小 D，正式回国定居。回国以后发生了很多很多事，用一句话概括就是：十年前，我们以为自己出国可以见到更为先进的世界，回国以后才发现，原来祖国的各种变化才让我们目瞪口呆！

小 D 看见上海滩上那些气势恢宏的购物中心都惊呆了，一头扎进去再也不要出来……先生带小 D 在公园骑车，竟然发现路边的饮料机都可以刷脸购物……而我呢，每天都在接受新鲜事物，也开始回归中国特色的生活方式——拒绝了冰水，泡起了枸杞、菊花……

中国速度太牛了!

说到回国，很多朋友可能会觉得，这一定是因为我的公众号在国内的发展前景不错，所以才会举家回国。其实还真不是这样。原本先生要被外派去加拿大轮岗，但由于那时纽约正处在疫情风暴中心，能办理相关手续的大使馆暂时关闭，公司就建议我们回中国办理，然后直接飞往加拿大。

这次回国，确实有很多朋友劝我们回来发展。他们觉得我的事业在国内发展会更好，而先生也可以考虑辞职，以他的能力，如果能和我一起开成夫妻店，我的公众号发展的势头可能会更强劲。

但说实话，我和先生还真没有这样想过。首先，我们认为工作不只是为了赚钱，更是一个人的价值的体现。而一个家庭的正常运转，最关键的就是两个人都能找到自己的价值，而且双方都不能有强烈的为另一方迁就的牺牲感。再说我的工作模式本身就不会因为地域距离受限，倒是先生需要去配合公司到指定的办公室任职。

所以，当时我们的原计划就是在国内见完亲朋好友，就全家一起去加拿大。没想到，改变主意和计划的是我的先生。这是他时隔七年第一次回国，而且待了超过一个月时间。在这期间，他走访了好多生产企业，看到了不少新消费品的崛起，这些市场信息让他感到兴奋。

有一天晚上，先生和我说，他不想去加拿大轮岗了，他想留在国内。我有点意外。要知道，一个中国人能在几乎全是老外的管理层中占有一席之地，这并不容易，而我的先生通过近十年扎扎实实的全球轮岗生涯，做到了这一点。只要按照原计划完成加拿大的轮岗，那在他的履历上，就不仅仅有中东、欧洲的工作经历，还增添了横跨北美两大市场的经历，这无疑会大大增加他履历的含金量。

先生的想法有些让我意外。先生解释说，一个新品的推出，在美国从立项、审批、投入生产线，再到调试工艺，最终上线，最快也要两年。但是在中国，这个过程可能只需要半年就能全部完成。说到这里，先生情不自禁地感叹说："中国速度太牛了！"他眉飞色舞地和我讲了好几个新消费品的例子，越讲越兴奋："本来我们出去全球轮岗，最终也是准备回国的，而现在我觉得时机到了！我们应该回来！越快越好！"我至今还记得先生激情洋溢的神态和眼里闪耀的光亮。

其实一切都不需要讨论了。很多人这一辈子，最黄金的年纪、最多的时间都花在事业上，人到中年还能在工作中找到热情，这是多么宝贵的事情啊！于是，本来是一趟探亲加办理手续的短程旅行，最后变成了全家落定上海。是不是很有意思？举家回国这么重大的一个决定，我们就这么果断且愉快地做出了选择。这个决定里唯一让我有点头疼的却是些小事，比如我最喜欢的几个包和几件衣服没带回来，我还需要想办法把它们运回国。

看到这里，你们肯定会有疑问，那小 D 的学业怎么办呢？我们的决定完全不考虑小 D 吗？甚至有亲戚朋友"责问"我，别人都是为了孩子学业放弃工作陪读，我们反倒为了满足自己的事业心，让小 D 陪着我们乱跑。

但我和先生在这一点上意见完全一致，一旦做出家庭决策，那么下一步就是专注于怎么把这个决策最优化，而不是患得患失。这次也一样，我们选择了回国发展，那么小 D 对国内的适应就是“待解决的问题”。

回国定居，小 D 需要适应，而到加拿大轮岗，小 D 同样需要适应。我们当然预见到接下来会有很多问题，也许不仅仅是小 D 的，还有我和先生的。不管怎么选，都会有很多很多“待解决的问题”。但我们要相信，上个阶段积累的能力，能帮助我们去解决下个阶段的难题。

如果说，我希望小 D 能够延续我们什么特质，其中有一点就是，任何时候在任何环境中她都能生活得很好，哪怕一开始过得并不好，但以后也能慢慢变好。

找回适合自己的节奏

我曾以为自己是个气定神闲、内核稳定的创业者，后来才发现，那是因为我不在国内。

回国后，与同行、品牌方以及各平台的人见面机会更多了，收到的行业和市场的信息也都是“第一手”的。说实话，要说不相互较劲真的很难。隔三岔五我就会听到各种行业内幕：××× 卖啥了，特别好；××× 开始直播了，战报多少；××× 准备不做什么了，转型做什么了。

有一段时间，我写稿读书的时间都没了，就一直忙着微信聊天。我知道这样不行，但我舍不得关掉微信啊，真的有那种“万一错过几十亿怎么办呢”的心情，而且那时候公众号已经有疲软的趋势，抖音、小红书是新兴产业，大有拍死前浪的势头，这更让我这个公众号博主感到巨大的压力。

于是，我人是天天陷在信息轰炸和密集社交中，看着一天没闲着，神经时时紧绷着，但事却感觉做得越来越差了。接收到的信息有百分之九十以上是无用的，忙着安排的约见大部分是没有结果的。我意识到：自己跑偏了。而我不喜欢这样的状态，我要“回归正道”！

首先，阵脚乱了的时候，就要停下来向内看。我花了好几个晚上，重温来时的路：当年为什么要开始这个公众号，以及我一直坚守的赚钱准则是什么，然后我梳理了接下来的发展策略。我也想明白了一件事：并不是别人做得好的事情，我现在去做也能做好。因为一个人能做好的事情，通常都是在他能力象限里面的。所以，我不能盲目跟风，如果真的决定转型，自己也要想明白为什么转型，还要根据新项目所需要的能力象限，结合自己的情况进行评估。

其次，我开始精简社交。微信聊天不要上头，每个信息收到后，先暂停一下回复。这样一方面让自己有个缓冲思考的时间，另一方面也是委婉地释放信号，自己并没有那么感兴趣。饭局最多一周两次，先把自己的事情做好，再去赴约。什么是“自己的事情”？本职工作，团队关怀，自我关怀，家庭照管，这些才是最关键的。如果这些都没做完，该拒绝的见面就拒绝。真正的朋友会理解自己的安排，而真正属于自己的机会也不会那么轻易错过。

最后，充分利用家庭会议合力找回生活的节奏。我不知道大家有没有开家庭会议的习惯，我和先生、小 D 都很喜欢这个沟通方式。很多时候焦虑是无意识的，这个时候和家人及时沟通就非常重要。通过互相交流，我们能够及时了解到对方的情况，可以站在旁观者的角度，互相提供积极的引导，帮助彼此按下“焦虑暂停键”。

比如通过家庭会议，我知道不仅仅是我的节奏被打乱了，连先生也未能幸免。一向松弛的先生说，回国后他发现大家从不正点下班，这让他都不好意思在晚上 6 点跨出办公室，哪怕手上的工作都完成了，而小 D 也同样面临在新学校成绩暂时落后的问题。通过这些家庭会议，我们不仅让自己的困扰找到了倾诉的出口，而且也共享了彼此的“正能量”。

你说大家的苦恼真的就能通过一次聊天得到解决吗？当然不能！我不一定能解决小 D 或者先生的烦恼，当然他们也不一定每次都能帮助到我。但通过我们家这样规律的家庭会议，我发现很多难题的解药都在自己的手里。我们只是需要一个出口，可以安心地、毫无顾忌地分享，可以知道我怎么说都不会被评判。和家人全盘托出后，有时候我们自己就厘清了思路，知道该怎么做了。有时候虽然我们仍然不知道该怎么做，但当我们的负面情绪得到释放，难题好像也显得没那么难了。

如今我又找到了自己的节奏，而且在我三十九岁生日，也是回国第二年，可以说，自己比任何时候幸福感都高，人也更加松弛。而先生也找到了自己的节奏，还升职负责公司亚太区的业务，更加清楚自己下一步要干什么。而小 D 回国后，变得更加自信开朗了，因为她发现周围的人和她都一样，她真正有了一种归属感。

我们虽然还有各自的烦恼，但我们都清楚，这些都是可以慢慢解决的问题。

幕前幕后，真诚都是必杀技

有些现实还是要面对的。公众号在衰退，大家的关注点都被短视频和直播占据了。早在三年前，我的团队小伙伴兔子就已经鼓励我转型做视频了，但我一直拖一直拖，因为我始终认为自己不适合做视频，面对镜头就紧张尴尬，没有控制视频语言节奏的能力。

但在梳理团队策略的时候，我想明白一件事：我做这个公众号的初心，就是把有用的内容分享给更多新手父母。那如果我还想坚持这个初心，那么流量到哪里了，生产内容的人就需要去哪里。

想明白这一点，我立即投入到新的尝试中。努力了快一年的时间，我不仅可以轻松自如地面对镜头，吐字也自然清晰多了；而且为了节省费用，我还自学了化妆，有一次我参加一个综艺节目，自己竟然就可以搞定妆容，不需要专业化妆师了。

而在不断努力的过程中，我也逐渐看到了努力的成果。在抖音、小红书和视频号这些原先不敢轻易涉足的平台，我不仅产出了爆款视频，关注量也不断增加。

对我来说，最有意义的收获是，一个人在做一件自己最初并不喜欢也不擅长的事情时，真正地“接纳自己”有多么重要。

从“演别人”到“做自己”

2021 年初，我入驻抖音。合作视频团队和我说，抖音日活跃用户数量很高，可以说是一个即时的大样本数据调研库。这也就意味着，那些已经是爆款的视频，不管是形式还是选题，都是已经被验证过的、受众喜欢的方向。

基于这个逻辑，我最初尝试了好多形式，比如自己充当 A、B 两种角色演绎剧情，单人脱口秀方式，脸部特写快速说方式，等等。说实话，那段时间我挺痛苦的，因为所有这些形式都和我本身的性格差太多了，而且每一条视频的存在仿佛都是为了印证我不适合这条路：语言节奏差，感染力弱，脸部表情不到位，面对镜头尴尬，口条不顺……

我是一个只要下定决心做一件事，就不会惜力的人。既然视频领域我不专业，那么好，我就认真听取专业人士的意见。于是，那段时间我花了很多时间去练习，学习别人的视频，模仿别人的演绎，不断地向导演请教。

然而三个月过去了，我的视频数据一直不好。尽管团队一直在鼓励我，但我明白，数据不好的根本原因，还是我这个“达人”素质不够好。坦白说，那段时间也是我饱受煎熬的时期。

我开始自我怀疑，心里时不时会问，是不是自己真的就不适合这条路？是不是进入短视频这件事就是错误的？但我又不敢把这样的心理表现出来，毕竟整个团队为了我，已经全力以赴地投入了三个月的时间。你们知道那种感受吗？就是自己心里已经一点点在放弃了，但还得提着一口气努力坚持，让外界看起来一切如常，甚至还是自信满满的样子。

现在回头看，我更加确定一点，人是无法欺骗自己的。如果内心不确定了，其实很多外在表现都会失真，哪怕你自己都觉得自己“装”得很认真。

和上个团队合作到期后，我们与一个新团队合作。其实即便换了新团队，我的内心也并没有增加多少新动力，或者说多几分新希望，因为我料想随之而来的合作不过是把之前的要求和排演重来一遍罢了，以至于和新导演第一遍拍摄时，我都没意识到自己全程一直在皱着眉头（估计真的是出于本能的反抗吧）。

可想而知第一次的拍摄没有过关，我一点儿也不意外。让我意外的是，当我以为要再来一条时，新导演却说先不拍了，我们就聊聊天。随后他就问了我很多育儿问题，一说到专业领域的问题，我就立即放松了下来，有问必答，没有脚本，即兴输出。后来我才知道，其实镜头一直没有关，而导演剪辑出来的一条聊天视频，竟然突破了三百多万的播放量。

那天看着数据唰唰往上涨，我其实并没有太多开心，反而有点困惑：这不就是我的本色表现吗？我的弱点不是都暴露了吗？为什么观众反而会喜欢有很多瑕疵的视频呢？导演给我的答复是，每条爆款视频或许事后都可以总结出一条万能公式，但最关键的还是讲述者本身的状态。讲述者自己要找到舒服的状态，自己有特别想分享的冲动，那么观众才能自然地听下去，听进去。

后来，我的视频就一直延续这样的聊天方式。当然，数据有高有低，但有一点是确定的——我慢慢不排斥拍视频了。

这就是我转战视频的心路历程。其实我们以前说到育儿理念时也会经常提到，先让孩子安全舒服，他们才能有进步成长的动力。其实成人又何尝不是如此。没想到自己踏入一个新领域后，也走了这样一段“岔路”。不过也正是这段岔路，更让我认识到，只有在做真实的自己时，我们才能找到真正适合自己的、能往下走的路。

接纳自我也分真真假假?

你们也许会说，按照这样的逻辑，是不是一个人接受了真实的自己，无论遇到什么环境都不做任何改变，也能自然而然地“成功”呢？说实话，这也是我思考的问题：什么是真正地接纳自己？

虽然产出了爆款视频，但我那段时间反而更加迫切地想知道怎么做才能更好。于是我天天盯着导演问，现在让我做的这些，日常聊天，即兴输出，都是我本来就能做到的，那么下一步我要做什么呢？我还需要提高的是什么呢？

奇怪的是，这个导演很长一段时间都没给我提任何要求，只不过在拍摄间隙，他会和我分享各种各样的短视频，而且几乎都和育儿无关。导演会和我讨论，这些视频哪里拍得不好，哪里可以拍得更好。说实话，当时我并不理解导演的做法，我的关注点是“我自己怎么提高”，但导演为什么总和我探讨这些与我无关的视频，却不对我提出针对性的建议呢？

就像一个追求上进的好学生，却得不到老师的指点，我一度觉得自己的勤奋有点被辜负了。但是有意思的是，在这段没有得到回应的时间，我好像越来越熟悉自己的状态，也接受了自己的不足。当我不再迫切地一定要做点什么的时候，导演提出了他的新要求。

不出意料，拍了好几次，我的状态都没能达到新的拍摄要求。但需要说明的是，和最开始的心态完全不同了，我既没有轻易地自我怀疑，也没有强烈的挫败感，我非常笃定我只是暂时做不到而已。

这个心路历程的转变，让我对于“自我接纳”有了新的认识。很多时候，我们所谓的“自我接纳”就像是一句空洞的口号，我们还是会评判自己，还是着急改变自己。而真正的“自我接纳”是要花更多时间去了解和观察自己，不是去评判自己。

比如，当我今天拍摄表现得很一般，不接纳自己的时候，我就会把很多精力放在自我质疑上：我怎么这么差？我是不是表现得非常尴尬？我学了那么久怎么就没有进步呢？很显然，这样的情绪其实对我并没有帮助，反而变成了内耗，消耗掉了我想做这件事的心力。

但当我接纳自己的时候，我面对自己表现一般的拍摄状态，是没有过多情绪的。我会观察，而且我也敢于一遍一遍重看自己的视频（那些我之前会觉得“很傻的视频”）。当我花时间去复盘自己在镜头前的表现后，我就更加了解自己，对于接下来的行动改变也有了更加精准的方向。

普通人要做成一件事本身就要耗费巨大心力，那最差的情况就是，把心力都浪费在了情绪和内耗中，然后再也没有额外的力量去行动和改变了。而一旦陷入自我质疑，我们其实是没有勇气真正去面对和分析“我现在的状况”的。

而真正地接纳自己，就是知道自己的能力现在落在哪个位置，并且全然地接受，然后再平静地问自己：从这里出发，我可以怎么做，再向前迈出一小步？

回看自己年轻时有一段时间拼命买包买鞋，其实也是因为那时还不会真正地接纳自己。因为从小就很少有人夸我漂亮，我爸爸甚至会直言不讳地说，我长得不好看，额头很高，还有点龅牙。他可能觉得这些打击的话反而能够督促我好好读书。虽然现在我很明白爸爸有多爱我，但人生遇到的第一个异性都说我长得丑，我怎么去相信有人会真的喜欢上我呢？于是，我更努力地打扮自己，我要让自己变得更好看，我以为只有这样我才能赢得一份喜爱。我想这才是很长一段时间里我陷入容貌焦虑、身材焦虑背后的原因，也是我很长时间陷入“消费主义”的真正原因。

直到自己后来遇到的人和事越来越多，我才逐渐解开心结。真正的强大，从来不是对抗，而是允许发生。如果此刻你们也正落入这样的怪圈，我特别想和你们说，不要急于否定自己，而是要相信和接纳自己的独一无二。我们要经常对自己说：对啊，我就是很美好的一个人。

“虚惊一场”原来是件多么快乐的事

2020 年回国定居之后，我做了一件很长时间没做的事——预约了一次全面的体检。没想到，原本是想让自己安心的体检，竟然出现了让自己揪心的偏差——体检医生很郑重地嘱咐我到大医院做甲状腺复查。

说实话，医生的语气让我很紧张。那天晚上回到家，恰好只有我一个人在家。我拿出薯条和啤酒，在客厅坐下，开始追一部偶像剧。坐下来的那个刹那，自己都觉得有点不真实。从做这个公众号开始，我好像很少以这样闲适的姿态坐在客厅看剧。但凡有自己的时间，我不是在写作，就是在看书。

当然，显然这也不是一个能安心追剧的时刻。在我的脑海里只反复思考一件事情：万一我的甲状腺情况真的很糟糕，我要安排好哪些事？首先，我不得不关闭公司，那么现在团队的这些小伙伴，按照 N+2 补贴给他们钱，我需要准备多少钱呢？算完账后，我打开银行账户一看，安心一点儿了，至少能对团队负责了。

我思考的第二件事，是需要留点什么东西给小 D，帮助她慢慢适应接下来“没有我的日子”。把这份清单列完后，我好像更安心了一点儿。

最后，我开始思考在什么时间告诉家人这个消息比较合适。思来想去，我最终决定先等复查结果。

我先是在家附近的三甲医院外科做了检查，大夫看了眼 B 超单子，叹了口气。天知道，这让我又心头一紧。大夫说我是 4A 类甲状腺，后续必须半年做一次定期随访，但是病情原因不明，也没有什么需要注意的事项。为了再次确定病因，我又挂了另一家医院的特需门诊。

我刚躺下，就迫不及待地和医生说："医生，如果我的情况不好，你一定要和我直说。我是出来创业的人，有个工作室，还有一个团队，如果我真的身体不好了，我就得准备关了公司，解散团队了。"

医生看都没看我一眼，他认真地做完检查后说，目前从 B 超结果来看，我的甲状腺结节是已达到 4A 类，但大概率是良性的，还不需要做穿刺，只要我每半年来医院复查，关注症状有无变化就可以了。我有点不敢相信，本能地向医生确认："真的什么事情都没有吗？"这时医生才正眼看了我一下，对我说："放松心情，保持关注就好了。你可以继续安心做老板，我也祝你财源滚滚啊！"

哈哈，医生也是懂幽默的。

第十章 我们都可以变得更好！

我现在仍然会思考，会要求自我成长，但我更加看重这些可以让我放松的“无意义”瞬间。在那些瞬间里，我会心无旁骛地全情投入，因为那才是构成我生活质量的基石。

写到这里，我有点想感谢我的甲状腺结节，要不是这个小家伙打断了我在创业路上的一路狂飙，我的全部精力可能还放在跟自己较劲上。幸好我是个胆小惜命的人，在确定这个甲状腺结节不会要了我的小命之后，我突然就爱护起自己来了。

原来我这么多年，一直努力工作，努力当好妈妈，努力创业，唯一不够努力的，就是关照自己，爱护自己，让自己活得舒服轻松一些……

多夸夸自己，也多夸夸别人

体检引发的甲状腺结节这个小插曲，最终有惊无险，但我是个遇到任何问题都忍不住多想的人，也会问自己：到底是什么原因让我身体出现问题了？除了长期熬夜外，是不是也有情绪方面的原因？

我发现，长久以来，自己是个倾向于自我苛责的人。完成一个项目，第一反应就是去寻找“下一次可以提高”的点。所以我很少会夸奖自己，虽然读者朋友们经常对我毫不吝啬地夸奖，虽然听到夸奖我也很开心，但我自己却很清楚，这里或者那里总有不够好的地方，我还有下次需要努力的方向。

我一直觉得这是优点，从未觉得这样的思维方式有什么问题。因为我就是凭着这样的反省，从大学毕业一直到创业都保持着冲劲，也的确获得了持续的进步。我感谢这次体检，在我一路高歌猛进的路程上，给我按下了暂停键，让我有机会停下来，再看看，再想想，才让我发现，原来并不是我所认为的“都很好”。

因为自己对自己要求高，所以我非常容易过度消耗自己。我第一眼看到的永远是“可以改进”的方向，所以我默认的逻辑就是：你要努力，而且必须要努力，下次才能提高，那么结果就会更好。

所以这些年，你们可能也看到我非常努力，非常拼，其实我压根儿没有和粉丝数量/销量这些数字较劲，我真正较劲的就是“进步和成长”。但这个思维模式明显有一个缺点，那就是对我自己的消耗也是无穷无尽的。比如创业那么多年，我从未觉得熬夜是不对的事情，因为我熬夜是在做让自己“进步”的事情，追求进步有什么不对呢？

你们是不是觉得这个想法有些可怕，也有些可笑？写到这里，让我想到了两位已经离职的伙伴——原来那时的互不理解，真是我的问题。因为我自己曾经是不拼尽全力誓不罢休的性格，所以我默认团队其他小伙伴也应该如此，而且我真的一眼就能看见她们的“问题和不足”，看到事情“还没做到、没做好”的地方。

有两位全职妈妈在团队成立之初就加入了。现在想想，当时的她们已经非常努力了，也已经发挥了她们最大的能力去做事，但我每次和她们过项目的时候，第一反应就是指出她们的不足，从未夸奖过她们。这导致她们后来很害怕向我汇报工作，而我只是以为她们想拖延交付工作，没有尽心做事。其中一个全职妈妈曾经用很轻的声音和我说：“大J，你能不能先夸夸我，再指出我的缺点？”而那时候的我却一口回绝：“没达到我的标准，我夸不出口。”那时我的认知模式就是，每个人都需要成长，每个人都需要不断地走出自己的舒适区，所以一个人在成长中觉得不舒服是正常的，与其抱怨，不如接受。

现在想想，自己那时候是多么冷酷无情啊！我对自己的高要求，对自己的苛责，变成了很大的压力，传递给了我的小伙伴们，而且更加要命的是，我带给她们巨大的压力还不自知！如果说，在创业这条路上我有什么后悔的，我觉得就是自己在那段时间不自知地对陪伴我的小伙伴们造成了伤害（写下这些文字的时候，我去给她们道歉了。我很开心，她们并没拉黑当年那个“黑脸”老板）。

所以你们看，人的一辈子课题就是“认识自己”，而自己是很虚无的，一定需要和具体的事情碰撞了，才有感悟。现在的我开始夸人了，而且是真心地觉得小伙伴们都非常棒！而当我不吝啬我的夸奖后，我对自己更加满意了，对团队也更加满意了。

如今，经常是小伙伴们自己给自己加码，彼此较劲，而我则会笑呵呵地说，没关系，就算失败了，我们也得到了经验，尽力就好，别给自己那么大的目标，有的事情也不是努力了就能做到。

陪我一路走来的小伙伴们，觉得我变了。而先看到他人的“优点”，看到事情“已经做到的部分”，我自己的内心也是快乐的。看到已经做到的，并不意味着我们会就此停步，不努力了，反而会让我们对后面的路更有信心：我们都已经做得那么好了，当然可以越来越好，只要我们想做到，就一定能做到。

允许一切发生

谁能想到呢，这次体检不仅发现了我的甲状腺结节，竟然还治好了我的社交恐惧症，因为我开始有意识地减少自己的内耗。

做自媒体的最初几年，很少有圈内人见过我本人，想约我见面聊天特别难，不仅是因为带娃和创业都有一堆繁杂的事等着我处理，更重要的是，当我见完一次“外人”后会觉得筋疲力尽，全身难受，必须要闭关疗养几天，才能恢复能量，重新攒够再见下一拨人的勇气……所以江湖一度流传的大J“人设”都是高冷范儿。

其实事情的真相是这样的：在纽约学早期儿童教育时，只要看到在食堂排队的有我的同学或者老师，我宁可先饿着肚子也不走进熟人圈；在小区遛弯，看到有邻居从远处向我这边走过来，我立马就会改变行走路线，避免强行被插入一段闲聊。所以在前几年，我的团队小伙伴和我出差，都是默认不和我一起坐出租车的后排，也不和我住一个酒店。

是不是觉得有些夸张？但如果你也属于高敏感人群，可能会和我有一样的体验。我们可以非常精准地感知到社交场合的氛围，而且总是不由自主地觉得，自己要为这个氛围负责。

两个人吃饭冷场了，好尴尬啊，我要说点话，但说什么啊？谁来救救我啊？

一群人聚会时，我坐哪里啊？和谁聊天啊？纠结死了。

商务谈判时，我应该怎么和这个人破冰呢？我应该怎么做自我介绍啊？

我感觉每次社交，不仅仅是那个物理上的躯体在应对，我的大脑里面还有个小人儿，在前前后后、左左右右不停转悠。实际上这个小人儿什么也做不了，什么也做不成。而即便社交结束，两个人说了再见，这个小人儿还在工作。

是从什么时候我不再排斥这些困扰我，甚至让我害怕的社交呢？好像是从一次偶然的角色转换开始。不过首先要明确一件事，我在主观上并没有强烈的冲动，一定要改变自己的内向、高敏感和“社恐”。只是突然有一天，我在与人相处时，发现了一个让我自己放松下来的“小妙招”——就是把自己变成“他人”。

某一次的社交场合中，我想跳出来看看自己这种社交到底有多尴尬，于是把自己作为生活的观察者，用一个旁观者的心态来看待自己的这一次和身边其他嘉宾的互动。没想到视角一转变，自己瞬间就觉得不用费力去当一个氛围制造者或者氛围主导者了，有种卸下千斤重担的感觉。因为一个内向、高敏感的人，本质上还是对自己太苛刻了，我们会揪住一些细节不放，每次社交后都会像回放电影一样复盘聊天中的各种细节，哪怕别人也许压根儿都不在意。

我用“生活观察者”的方法或者说一个机制，让自己可以不要强求“非要达到什么效果”，而是允许一切发生。而当我这么做了后，的确发现曾经很在意的“冷场”也好，“尴尬”也好，就算真的发生了，后果也并没有我假想的那么严重。

这个认知对我来说太治愈了，我突然明白了，所谓“内耗”无非是对自己太苛刻了。以前我习惯说，看看下次可以怎么避免；而现在我开始对自己说，发生了也不是什么坏事。现在的我，完全不会因为明天一个会议、一场饭局而提前好久焦虑不安，而我真的太喜欢这样的状态了。很多人这一年见到我都会说，我比以前更加从容松弛了。其实我想所谓的松弛感，本质就是不执着于一定要抓住什么，同时允许一切发生。

“拼命三娘”不拼命了

时间跨入 2022 年，我在公众号写文章七年，创业五年半。这一年是我个人幸福度最高的一年。我总是一脸傻笑，最常挂在嘴边的一句就是“我真的就是很开心啊”。而让我拥有幸福感的原因之一，是我愿意聆听自己身体的声音了，我这个有名的“拼命三娘”慢下来了很多。别的不说，这本书的出版就拖延了整整两年。熟识我的出版社老师和团队小伙伴都在说，我变了，以前的我不吃不喝不睡觉，都会准时交稿的，而现在变成了我成天被他们催着交稿。

当然也有一些事，要是更努力，要是更拼，可能会更好，但总体来看，即便有些事慢慢来，趋势仍然是向上的。

比如因为小 D 的早产，我从曾经的职场高管急转直下变成了全职妈妈，又一点点爬起来，成为如今的“大 J”。创业后，每当我觉得熬不下去的时候，我都会回想过去，然后告诉自己，当年的我那么难都可以跨过去，现在的我没什么不能克服的。听着挺励志，对吗？但是不是也读出了一种“用尽全力”的意味？

去年看到一种说法，身体的细胞大概每隔七年就会更新一遍，当时就觉得好治愈啊。原来，我们每七年都有一次“重生”的机会。这个说法，外加疫情的三年，让我越发感受到每个人都自带生命力，不用逼，不用催，听从身体和内心的感受，就是激发生命力的最好方式了。

当人学会放松了，感官也就“复活”了。我开始更加珍惜生活中的一些点滴。我不再是那个只记住总结和收获，只在意成长、进步和道理的 Jessica 了。现在的我更会记下那些生动鲜活的瞬间，那些说不出任何“大道理”的瞬间。这些年的起起伏伏，突发和偶然，让我明白了，人活的不是每一天每一年，活的就是那么几个瞬间。

我现在仍然会思考，会要求自我成长，但我更加看重这些可以让我放松的“无意义”瞬间。在那些瞬间里，我会心无旁骛地全情投入，因为那才是构成我生活质量的基石。

你们可能已经发现了，我的“人设”标签最近两年越来越不那么“正经”了。过去这几年，我被贴上的标签感觉都比较正式：育儿畅销书作者（是的，我的六本育儿书全网卖了几百万册）、亲子教育博主、阅读推广人以及掌欣早产儿公益项目发起人等等。某种程度上，我是很感恩这些标签的，它们让我有了努力的方向，会不自觉地向这些标签赋予的角色去靠拢。

但我现在觉得，标签不该是“局限”，标签本身也不应该被“局限”。去年开始，我晒自己的照片多了，分享自己的穿着打扮也多了，甚至发自己的搞笑视频（丑的、尴尬的）也多了。这可不是我现在刻意打造的形象，而是我真实的一部分。我从大学期间就爱美，我和熟络的人在一起就很疯，我的这些面不是故意隐藏，只是本能地选择不公开分享。而现在，我是真的觉得人到中年了，不必什么事情都小心翼翼，尤其在“做自己”这件事上面。

我真的喜欢上了自己，我喜欢自己的所有部分，而且也愿意坦坦荡荡地分享出来，因为这些构成了“我”的全部。对于我这个高敏感的“乖乖女”来说，想通这一点，真的花了快四十年。

一个普通人的进阶之路

写到这里，我的故事就快结束了。相信看完我所有故事的你们，肯定对我有了更加全面的了解，我就是很普通的姑娘，天资一般，还微微“社恐”。

但做自媒体这些年，总会收到这样的评价：大J，你好厉害！干什么事都能干好……每次面对这些热情的赞美，我只能微笑感谢，但其实我内心真的会很冷静地评价自己：哪有你们说得那么厉害啊！

说出来你们可能不信，我这半辈子无论做什么事，得到的第一评价都是“天资一般”。小时候读书，每一任的班主任评价都是，虽然天资不聪明，但是贵在刻苦认真。很长一段时间里，我甚至特别羡慕别人得到这样的评价：这个孩子聪明是真的聪明，但就是做事不认真、不努力、没常性……因为我就想要聪明一点儿，因为我永远都不是那个学啥都快、一点就通的孩子。

“黑历史”仍然是黑的

写公众号九年了，我自己还记得，曾写过很多“不咋样”的文章。到今天我也深知自己远远不是文笔很好的作者。更惨的是我发音吐字不好的问题，当年第一次录的音频课程，我自己现在也听不下去；而且我被实名投诉了，读者说我的课程注水，明明标明一小时课程，充其量只有三十分钟有效内容——其实是因为我说话语速太慢……我毫无镜头感，不管是对谈访问，还是一个人口播，我都无比尴尬，而且经常词不达意，还会不合时宜地一个劲儿“嗯嗯”。

而看过我初期视频的读者，可能还记得我那特别“出戏”的妆容。因为在很长时间里，为了节省费用，手不是很灵巧的我坚持自己化妆，但始终不得其法，甚至还有读者留言，说好好的内容全被造型耽误了。

真的，作为一个自媒体人，我完全不是老天赏饭吃那一型，文笔流畅、口条出众、自带戏感、特会打扮这些入行必备的天赋点，我一个都没有。

那我究竟是怎么做到今天的呢？

只有一个地方，自己觉得特别厉害，那就是如果我决定要做的事，就会一步一个脚印，慢慢去靠近目标。换句话说就是，我擅长“死磕”。我花了八年时间，每天都在写稿，发公众号的文章是你们看得到的，还有很多你们看不到的书稿和书评。

而我花了五年时间坚持每天录音，抓住任何机会锻炼自己的口才，向播音老师学，向主播学，向电视节目主持人学。我花了两年时间坚持拍摄视频，每天给自己化妆，慢慢提高自己的“镜头”业务能力。当团队里一个“90后”小伙伴再次夸我厉害的时候，我提醒她在我身上发生的这一切。她沉默了好久问我，我是怎么做到面对自己不够好的地方，还能有力量去提高的。因为她每次收到负面评价后，就觉得自己真的不行，也就不再行动了。

傻傻坚持不过是因为“我想做”

我有个习惯，每次准备启动“努力”模式前，都会问自己为什么要努力，不努力可以吗？说句心里话，努力本身就很辛苦了，但太多人还把百分之九十以上的精力放错了地方，都浪费在琢磨别人怎么想，别人怎么看上。这就是根本没想清楚自己为什么要努力。如果没想清楚为什么要去做这件事情，那当然会很快放弃。

在公众号近几年的发展中，不管我转向何方，录制音频也好，拍视频也好，学化妆也好，每一次启程，我都会接收到很多“劝退”的声音：你就专心写字吧，拍视频不适合你；花钱请个团队给你化妆不好吗？真的容易“掉粉”呢。这时候如果我压根儿没想明白为什么要去做这件事，那么在听到这么多负面反馈后，自己就很容易放弃。

我能够为自己想做的事情傻乎乎地努力，最关键的一点就是：我所有努力的事情，都是为自己努力，而不是为别人。内心喜不喜欢，你自己想不想做，这种感受是无法骗人的。即便你勉强让自己开始了，也无法长久地坚持下去。对我来说，想要快速学习一个新技能的第一步，就是无比坚定的“我想学”和无比强大的“关你什么事”。

想想这么多年，我的确也放弃了很多事情，而放弃的原因无一例外都是没有了那份“我想做”的坚定；而且即便是自己坚定想做的事情，也会遇到“厌烦期”。遇到这种情况，我一般会放过自己。经过这些年，我也很了解自己，第一不要有负罪感，第二不要勉强自己，静待自己那种“我就是想做”的状态回归。

比如过去一年，我看书比之前要少很多，原因就是去年年初，我发现读书的欲望突然变弱了，但是我也并没有强迫自己维持与往年一样的输入强度，真的就几乎顺从了自己的心理一年，否则就算拿起书，也看不出个所以然来。一年后，读书的欲望又回来了。

动起来总比不动强

另外呢，我是很坚定地认定，不管什么时候，行动起来总比不动强。我原本以为大家都是这么想的，直到后来我才发现很多人所谓的“拖延”，其实还是因为内耗太多，比如，担心“就算动了也达不到像 ×× 的样子”，或者总觉得自己准备不足，底气不足，所以没勇气走出第一步。

而我是但凡想清楚“为什么”要做，就是个坚定的行动派。我几乎不会有任何犹豫，先行动起来再说。如果在行动的过程中遇到不懂的问题，我会再有针对性地去寻找答案。

很多人会说，自己的能力就是差，有那么多不懂的问题，轻易开始会不会太草率，会不会出错率奇高，会不会做了半天全是无用功。我倒不这么觉得，只有开始了，才能真正精准定义问题。

拿运动这件事来说，最初我就是先从走路开始的。走路总没什么难度吧，那就定个目标，每天争取走三十分钟。我从慢慢走到加速走，再到可以呼吸平稳地快走，我的力量感和习惯也就建立了。这时候我就去搜索更多关于运动的知识，看看下一步我可以做什么。再比如说学习化妆，我先买了粉底和口红这两样化妆必需品，然后从这两个单品开始，在每天的实践中感受，为什么色号不太对，为什么会卡粉，从这么最基础的问题里学习，找到正确的化妆方式。

可能大家会觉得我说的都是很小的事情，锻炼，化妆，好像都是非常日常的事情，这种事情试错成本很低，有什么可拿出来说的呢？但是很多时候，我们就是从一件一件小事的坚持中增加自信的，对吗？而我们也正是在一件又一件小事的中断中习惯了放弃，对吗？

如果你们一定要问我为什么可以做到一些事情，这可能真的是我想和你们分享的一个体验。只要我想做了，我就不管不顾地开始；只要我有目标了，我就埋头走下去，直到达成一个自己满意的结果。因为过往的经历已经给了我答案：行动起来，我就是往上走的。

努力改变本身就是需要花精力和心力的，我的这种“傻气”让我没有那么多内耗，不会把精力和心力浪费在纠结、犹豫、迟疑这些无用的方面，只专注于“改变”这件事本身。

标签左右不了“我”，只有我想成为的“我”

不知道你们有没有得到过以这种句型出现的称赞：你真不像……从大学到现在，我得到过很多次类似这样的“表扬”。比如刚入职公司，我在人事部轮岗时的工位在二楼入口处，每天都能看见三五个一楼生产部门的同事上来，看着我的方向窃窃私语。后来我才知道，原来大家是来看公司里稀少的“南方姑娘”。

这是一直生活在上海的我第一次被称为“南方姑娘”，所以很好奇他们心目中的南北方姑娘有什么不一样。我得到的答案是南方姑娘大多“娇生惯养”。这一下激起了我的叛逆心，那段时间我特别努力，加班加点地工作，直到有一天听到自己被称为不像“南方姑娘”的“南方姑娘”，我才觉得舒坦多了。

当全职妈妈的那几年，因为爱上了健身，我拥有了马甲线，稍微控制饮食时还能清晰地看到四块腹肌。记得那会儿别人见我总会说：“Jessica，你一点儿都不像是个孩子的妈。”可想而知，那时候我也是掩饰不住地开心。直到女儿五岁，也是我成为创业者的第二年，我出席了一个初创企业分享会，是那次圆桌会议五位嘉宾中唯一的女性。

主持人问四位男士的问题都是“创业初期最困难的是什么”，而轮到我的时候，主持人却把问题改成：“你一点儿都不像是个妈妈，作为女性创业者，你是如何平衡家庭和事业的？”这一次，这句“你不像是个妈妈”，我下意识地觉得并不是对我的表扬，我本能地反问，“妈妈”应该是什么样的呢？为什么没有人去说“爸爸”应该是什么样的呢？

这次访谈经历，让我重新审视过往那些曾让我满心欢喜的表扬，原来那些标签背后藏着太多人的成见。而其实我的努力，就是因为我有明确的职业目标，想成为职场精英；我的自律，就是因为我期待自己的身体也呈现出我喜欢的样子；我的创业，就是因为我热爱现在的事业，想尝试不一样的人生道路。

说到底，谁又可以去定义“南方姑娘”应该什么样，“妈妈”应该什么样，“创业者”又应该什么样呢？“像”与“不像”，都是别人贴的标签，而我们需要做的，只是努力成为自己想成为的样子就好。

是的，这一路走来，不容易却也很幸运

因为小 D 的到来，我才有机会认识这么多朋友，才成为现在的自己，才有可能去写这样的一本书，和更多的读者去分享我的成长历程。所以在这一篇里，我也想以小 D 的故事来作为此后人生的一个瞭望台，带着她给予我的爱与勇气，开启一个又一个新的人生剧本。

这近十年的时光，有时候连我自己都会误以为小 D 早产给我带来的恐惧和焦虑已经被稀释了。直到 2023 年 7 月的某一天，小 D 和我一起在家玩打怪兽游戏，前一秒她还在嘚瑟，和我演示她的新技能，后一秒就脚一滑突然在卧室里摔倒了。

说实话，小 D 从小到大摔跤是家常便饭，我们甚至很严肃地讨论过，是不是得给她存一笔整容基金，所以这次摔跤我一开始并没有当回事。直到几秒过去，她仍然异常安静地躺在那里。当我看到小 D 仰面躺着，已经翻白眼了，我脑子里轰的一声响，手脚发软，本能地喊着她的名字。大概五秒钟后，她醒过来了，伴随着巨大的哭声。我把她搂在怀里后，轻轻摸了一下她的后脑勺，发现有个鸡蛋大小的肿包。

我们赶紧问她，记得刚刚发生了什么吗？她完全想不起来。但是醒来后，她的状况看上去很稳定，我们决定先在家观察。那一晚，她睡着了，但我却难以入睡，大脑完全不受控制地反复回放小 D 婴幼儿时期几次呼吸停止的情景。就在这时，小 D 从梦中哭醒，开始呕吐。我和先生赶紧带她冲到医院急诊，当医生看到 CT 结果时，瞬间不淡定了，他可能很少看到一个孩子的脑部有如此多的伤痕。他强烈建议并且帮我们联系了儿童医学中心去做个检查。而另一家医院的医生确认小 D 脑部没有新的出血点，不过他还是建议我们再去看一下神经外科。

第二天小 D 很开心地在家静养，毕竟这小病人享有特权，连平板电脑她都可以随便看。当天下午，小 D 基本就恢复活蹦乱跳了，而且还坚持按照原计划参加戏剧课的汇报演出（她之前两周参加了一个戏剧营，周日会有表演）。也许是刚刚发生的这一切，那晚的演出我看得尤其感动。

到了周一，我挂了神经外科的专家号，带着小 D 一早就去医院了。主任医师一看到片子，和小 D 说的第一句话就是，小姑娘长这么大，这一路走来不容易吧？小 D 笑眯眯地在旁边插嘴说，对啊，我九岁了，明年十岁了。不知道怎么了，我就突然很想哭。

是的，从小 D 出生到现在将近十年了，其中跨出去的每一步，都曾有着太多的艰辛和不确定性。即便我必须承认，幸运从来没有离开过我们，内心的恐惧也一直在。

但当我看到正充满自信做着汇报演出的小 D，看到这个曾经那么努力才留在这个世界的孩子，这个曾经各方面发育都落后的孩子，这个曾经见到陌生人就会“冻住”的孩子，如今也能在舞台上找到她舒服的位置时，我突然清醒过来：即便我仍然克服不了内心的恐惧又如何？就像小 D 一样，即便那些伤痕一直会留在生命里又怎样？

恐惧也好，焦虑也好，我也应该像小 D 那样，即便那些印记永远在，也不能妨碍我们充满勇气和自信地站在舞台上，完成我们人生中一个又一个新角色。

第十一章

写给我遇到的那些特别好的人

我们都爱读穿越时空的故事，可就算是我真的穿越一百次，站在二十岁的自己面前告诉她：“你以后会是一个以写文章为生的自媒体人，会有几百万人看你的文章，喜欢你的文章。”二十岁的我也一定会毫不犹豫地回答一百次：“我不信，你一定是个骗子……”

我是何其幸运，撞上了“以码字为生”的这一段命运，而更幸运的是，一路走来，我竟然遇到了那么多特别特别好的人，才让我有足够的勇气走过人生最为灰暗的时刻，也才让我有足够的信心开启人生新的旅程。

2014年

平安符仙女

在很多年前的某一天，我们在凌晨5点接到医院的电话，小D情况不好，怀疑是肠道漏气，让我们立刻赶到医院。签完手术告知书，看着她插着各种管被送进了手术室，我泣不成声。先生去买咖啡的时候，一位西班牙裔女士走到我身边坐下，一直没说话。到后来我哭得自己都不好意思了，于是擦干眼泪，收拾心情，和她打了个招呼。

她一脸笑容地看着我，指了指手术室那扇门，告诉我，她都懂，然后她拿出皮夹，取出一枚很小的金色硬币挂件，塞到我手里。她说，这是平安符，她儿子当年二十四周早产，后来健康长大了。她把这个平安符送给我，祝福我的女儿也会健康长大。

那晚，我一直紧握着这枚平安符。三个小时后，小D被推出了手术室，她又闯过了一关。从此，那枚平安符一直存在先生的钱包里。

谢谢你，我的西班牙裔平安符仙女。

明信片魔法师

我们为小D开了一个博客，名字叫love for Dorothy。先生很懂我，知道我不喜欢接受太多人的同情或者劝慰，这些对我来说也是负担。因此他在开篇语中写道："如果你刚好刷到这个博客，请不要对我们说，祝福你们，保佑你们。但欢迎给我们寄一张你所在城市的明信片，我们会拿到暖箱前读给小D听，告诉她，世界那么大，值得你勇敢地活下去，去看一看这个世界。"

后来，我的精神寄托有一部分就来自我家的邮箱。每天邮箱里都会出现好几张来自全球各地的明信片。一开始还都是朋友、同事寄出的，后来陌生人寄来的明信片越来越多了。每次去医院我都会拿一些读给小 D 听，同时我自己也会很开心，觉得又多了一份“今天也要加油”的力量。

我曾收到过来自德国华人家庭寄来的画，三个孩子用稚嫩的笔迹告诉我，他们是从妈妈的同事那里得知纽约有个小女孩一直在为了“活下去”而奋斗，所以他们都为她画了画，欢迎 Dorothy 长大后去他们的家乡玩。最后他们还告诉我，现在他们全家每天吃饭前都会为 Dorothy 祈祷。

当时的我实在没有精力给每一张明信片回信，告诉他们所有的祝福和祈祷小 D 都收到了，而小 D 也完完全全地康复了。

谢谢你们，我的七百八十二个明信片魔法师。

2015 年

生机勃勃的 Julianne（朱莉安娜）

小 D 出院后，我们带她进行了康复评估。小 D 虽然活下来了，但是预后的情况并不乐观，需要很密集的早期干预。经过评估，她一周需要四次大运动康复、三次精细运动康复、三次语言和喂养康复、三次认知康复。当时的我对于“康复”过程一无所知，对于未来更加迷茫。

第一个见面的是大运动康复师 Julianne。我们和 Julianne 的缘分也从那时候开始了，每次大运动康复只有三十分钟，但她常常花一小时帮助小 D。她总是笑着说，这么小的孩子又不是机器人，总是需要给孩子预热一下的，不可能可丁可卯地去计算三十分钟的时间。

小 D 进行矫正六个月后还是不会抬头，所有人都明白这意味着什么（大概率她就是脑瘫儿了）。那时候唯一鼓励我的就是 Julianne，她一个劲儿地和我分享在她将近二十年的职业生涯里的各种“反例”，比如也有过快一岁才抬头的早产儿。

既要相信科学，也要相信奇迹，而生命就是会有奇迹的。这是她一直和我说的话。结果，小 D 在矫正八个月的时候会抬头了，然后到一岁半才会爬，三岁才会走路，但是所有的一切都在向好的方向发展。

Julianne 是一个古老的名字，在拉丁语中，是年轻的、充满活力的意思。谢谢你，生机勃勃的 Julianne。

2016 年

同频的博主“一爸”

我在某一年里加了同为教育博主“一小时爸爸”的微信，但是这个联系人在我的微信里躺了半年多，我们俩甚至连“你好”都没有说过。直到有一天，我对着一套玩具发起了愁：有一套品质好，设计理念也好的德国木质玩具想让我推荐，唯一让我纠结的是定价不便宜（这也是大部分欧美玩具的“通病”）。

不知道为什么，我就想到“一爸”。两个微微“社恐”的人，用文字聊了很久。我们俩压根儿没谈如果开团这款德国玩具，佣金、利润或者销量是怎样的，我们探讨很久的是为什么要推荐这样的玩具，对于读者来说意义在哪里。而好几次面对他的文字，我都会有一种“他像这个世界上另一个我”的知音感。

我和“一小时爸爸”也成了朋友。“一爸”对于做自媒体有自己的认知，想通过这个平台影响改变一些东西，这一点恰好和我一样。我们可能还是会半年不联系，然而但凡有事需要彼此助力，我们都会为对方全力以赴。

谢谢你，我很少联系一次的知音。

2018 年

读库六哥

这一年，我策划了一档对谈视频，嘉宾之一就是读库六哥。采访提纲提前都准备好了，按说访谈过程不会出现什么问题。但那天和六哥的对谈，我一句话都接不住，他说什么我都只能“嗯嗯嗯”，尴尬无比。

谢谢六哥的绅士风度，压根儿没有流露出一点儿“嫌弃”的表情，确保了那次对谈视频顺利结束。果不其然，视频上线后，我的尴尬没有瞒住读者们的眼睛。

但那次对谈也的确“刺激”到了我。那时的我觉得自己已经“系统”学完了早期儿童教育，在小 D 的康复上也游刃有余了，好像已经没有什么需要进步的地方了。可六哥那句“三十岁已老，六十岁才埋”，却让我发现，我远没到可以就此止步的时刻，还有太多需要学习的地方，我也应该去看看更远的地方。

后来，我每年基本上都会和六哥约一次对谈，六哥还是那个六哥，而我在每次的对谈里，看到了不断进步、不断思考的自己。

谢谢你，六哥。

2019年

一个爱笑的早产儿爸爸

这一年，我举办了一个早产儿公益展，第一次把小D早产时的一手影像资料通过展览分享出来。有一位奶爸带着妻子、孩子大老远赶来看展。他给我的第一印象就是特别幽默风趣，我下意识地认为，这么乐观豁达的爸爸，娃应该问题不大吧？因为在小D最初康复的那几年，我整个人的气场和这位爱笑的爸爸完全不同。

后来我才知道，他们的孩子也是超早产，也经历了生死一线的抢救，正在经历漫漫康复之路。为了孩子，夫妻俩从承德搬到北京，又从北京去往石家庄……

我曾委婉地问过他，你的工作怎么办？你们的生活怎么办？没想到他却立马回复，工作再找呗，生活肯定还能过下去，有困难就解决吧。简单几句话却一下子把我击中了。我相信如果一个人不是刻在骨子里的豁达乐观，是无法这么快速回复这些问题的。

我是特别容易共情的人，我承认了解他的情况后，就自动带入了“困难”两个字，而他的回复却给了我一个新的视角：某件事情或者某个时期困难与否，其实还是取决于自己怎么看待。

谢谢你，让我重新理解“坦然”这两个字的意义。

2020年

穿着防护服的天使

这一年因为疫情，我们在纽约家里整整闷了半年的时间。2020年9

月，我们终于做了回国的决定。其实，这几年出差，回国也算频繁，本来我以为不会有太多感触了。但这次，真的很不一样。

从下飞机、测核酸、出海关到申请居家隔离，所有环节都超级高效，有条不紊。而每个穿着厚重防护服的“大白”，看到我们都会说一句，欢迎回家。欢迎回家，这四个字让我一下子就“破防”了，眼睛瞬间酸酸的。是的，这就是安心的感觉，就是又有根的感觉。

很多时候，我们的岁月静好，真的就是一批又一批的人在负重前行啊。

谢谢你们，我亲爱的“大白”们。

2021 年

绘本大师的指点

因工作关系，我一年要经手几千甚至上万册绘本。看多了后，就有点蠢蠢欲动（不知天高地厚），自己写了一个故事，但只敢放在文件夹里，不敢拿出来给别人看。直到有一天我终于决定豁出去了，给十几位出版社主编和绘本作家发了这个“作品”。

收到彭懿老师的回复是我印象最深刻，也是最感动的。他不仅给了我鼓励，还非常真诚地给我提出了意见，觉得我的文本太满了，没有给绘画者留出想象的空间，而创作是需要适当留白的。

我当时不理解这句话的含义，就围绕这句话和他聊了好久。现在回想起来那些都是很低级的问题，但他不厌其烦地回答我，而且过程中丝毫没有一点儿压迫感。最后，他竟然提议说：“大 J，这样吧，如果你不介意，我直接上手改一遍，改完后你再看看，更有感觉。”

天哪，这还能介意吗？绘本大师亲自改我的文稿。彭老师改完之后的故事，再和原稿一对比，我立马明白了“留白”的意思。彭懿老师说，对于读者来说，绘本就是读者和作者的对话；但是创作者需要保持两个视角，那就是和读者的对话、文本作家和绘画作家的对话，这样的创作才是完整的，而这次沟通也让我更加直接地感受到怎么去评判一本好绘本。

如果幸福有画面，那天的微信记录就是我的幸福画面，同时更让我体会到，能力越强的人反而越愿意帮助他人，因为他很“富有”。

谢谢你，在百忙之中还给我指点的绘本大师。

2022 年

勇往直前的小伙伴

在创业过程中，给我最大助力的肯定是团队的小伙伴。而密斯吴就是“给力”的队友之一。团队做年终述职时，我发现了截然不同的两种陈述逻辑。一种是“我没做到这个，因为我们没有什么什么”，另一种是“为了达成这个，我做了什么，回头看遗憾是什么”。毫无疑问，后者的积极能量更大，因为他相信自己在做的事，并且更相信自己可以去促进改变。

密斯吴就是这样的人，其实她从加入团队以来都是“被安排”的那个人：内容缺人手，我就拉她做内容；后来商务缺人手，就拉她做商务，而且分配给她的都是不太被看好的品类，而不是“稳赢”的品类。

但从加入我们团队开始，她从来不抱怨，每次都是尽快适应，不会的自己找方法学，学会了还会自己钻研怎么精进。我从她身上，真正看到“信自己”这件事，这不管对生活还是工作来说都太重要了。

谢谢你，我勇往直前的小伙伴。

2023 年

能吵架能说开的小伙伴

在北京的一次出差中，团队小伙伴二肉包妈陪我走回酒店，路上不知道因为什么聊起了最近一次吵架。

她说："你当时说的都不叫人话。"

我说："那是你先激怒我了，我有应激反应。"

她说："但我理解你的。"

我说："现在想想我当时的确很过分。"

她说："没事的，其实我也有需要改变的地方。"

我说："嗯，我也是的。"

虽然我们后来都没继续说下去，但好像就是从那次开始，我们很少会这样互相放狠话了。我很感谢她主动提起这件事，而且给我的评价一点儿也不客气。这让我放过了自己，因为我的确每次说了狠话后会陷入很长一段时间的情绪内耗，觉得自己不应该这样；也更让我明白了，我的所有"狠话"其实也是无助的表现，为了让自己显得不那么无助，我选择了愤怒。

但有一个人愿意原谅你，还愿意给你反馈，那说明彼此之间的关系很亲密。当我们都确定地知道彼此都很在意对方后，我们之间的自我防御体系就自动卸下了，更多的是促进沟通，解决问题。

谢谢你，会直接和我吵架，又和我一起并肩战斗的小伙伴。

尾　声

2023年7月，女儿小D在大理的山间奔跑，一会儿上山砍竹子学编筐，一会儿下泥塘摸起来几条大胖鲫鱼，非要交给爸爸当宠物养……这个小姑娘好像有用不完的精力，而且这个一直瘦瘦的小姑娘，身体里爆发出的力量却是无穷大——大到让我们这对老父母时不时就觉得“这家伙像一只恐龙”。

如果是陌生人，可能都没法想象这个“狂暴”起来像霸王龙一样，能连续哭闹两个小时的小姑娘，刚出生的时候还不到两斤，像一只突然被撞破了壳的小小鸟，几乎半透明的皮肤裹着比小棍子更细的四肢……

我是何其幸运，女儿小D现在能够这样活蹦乱跳地开心生活着。我能在人生的一个近十年的段落里，遇到愿意读我的文字的人们。因为想把人生中更多的酸甜苦辣写给你们看，想把我经历过的一路曲折与所见的风景说给你们听，我在即将四十岁的这一年，写下这本书。

说实话，从落笔第一个字到现在，我都很忐忑，害怕自己啰啰唆唆写的这些字，对读者们没有任何帮助。但一个又一个朋友帮助了我，让这本日记式的小书，逐渐变得丰满起来。我也从一遍一遍的修改中，逐渐建立起信心，也希望我摔倒又爬起来的样子，能让你们获得一点儿力量和希望，然后继续向前走下去。

对了，如果你们突然想要倾诉一点儿什么，却又不知道对谁说，写在何处，可以来找我。只要你需要，任何时候都可以打开“大J小D”的树洞。

感恩一路以来的“遇见”

书写真是件幸福的事，在写自己的书稿的时候，有那么多感恩的暖流，会汩汩滋润我的身心。

回顾人生，我才发现，老天竟然赐给我好多好多贵人。

这次写书，我也遇到了贵人。

谢谢我的编辑，以最大的耐心包容我两年多的拖延。在我焦灼、自我怀疑的时候，她选择默默等待。要知道这个过程中，但凡她催一下，就会压垮我继续行动的动力。

也要谢谢我们团队的二肉包妈，一直都是我坚定的聆听者。

她平常是个超级急性子，但每次我毫无头绪地聊书稿时，她总是静静听，然后给我反馈。从来“不屑”我文笔的她，也认真地做了这本书的第一个读者。

还要谢谢你们，愿意读完我的故事，愿意陪我走人生的这一小段路。

这本书出版的时候，我恰好四十岁，我做博主也要十年了。人的一生能有多少这样的十年？何其有幸，咱们彼此遇见。

书出了，我的任务完成了。下一个十年，无论我们是否仍一路同行，无论我们选择了哪一条路，哪一个方向，都愿我们不要错过一路美丽的风景。